U0385743

农村家庭养殖的人类学研究

NONGCUN JIATING YANGZHI DE
RENLEI XUE YANJIU

赵国栋　著

中山大学出版社
SUN YAT-SEN UNIVERSITY PRESS

·广州·

图书在版编目（CIP）数据

农村家庭养殖的人类学研究/赵国栋著 . -- 广州：中山大学出版社，2024.12. -- ISBN 978 - 7 - 306 - 08293 - 0

Ⅰ. S8；Q98

中国国家版本馆 CIP 数据核字第 202416RT95 号

出 版 人：王天琪
策划编辑：李 文
责任编辑：李 文
封面设计：林绵华
责任校对：徐馨芷
责任技编：靳晓虹
出版发行：中山大学出版社
电 话：编辑部 020 - 84110776，84113349，84111997，84110779，84110283
　　　　发行部 020 - 84111998，84111981，84111160
地 址：广州市新港西路 135 号
邮 编：510275 传 真：020 - 84036565
网 址：http://www.zsup.com.cn E-mail：zdcbs@mail.sysu.edu.cn
印 刷 者：广州市友盛彩印有限公司
规 格：787mm×1092mm 1/16 9.25 印张 150 千字
版次印次：2024 年 12 月第 1 版 2024 年 12 月第 1 次印刷
定 价：50.00 元

作者简介

赵国栋，社会学博士，副教授。攻读博士期间，连续 3 年入选"中国人民大学拔尖创新人才支持计划"，获得"藏秦·喜马拉雅杰出青年学者""中华优秀茶教师""咸阳市有突出贡献专家"等荣誉称号。兼任中国国际茶文化研究会理事、学术委员会委员，中国农业国际合作促进会专家委员等职。

在《中国藏学》《西藏研究》《青海社会科学》《西藏民族大学学报》《原生态民族文化学刊》《农业考古》等核心刊物发表数十篇学术论文。出版了《青藏高原石文化：基于建构视角的人与自然关系研究》《流水不腐：青藏高原牧区生态与发展的深层逻辑》《幸福社会的微观基础：茶叶、文化与生活》《西藏文化产业研究：体系、实证与理论》《茶叶与西藏：文化、历史与社会》等 10 多部著作。主持多项国家社会科学基金项目和国家自然科学基金项目。获多项省、部级科研奖励。主要研究方向：中华茶文化（以西藏茶文化为主）、青藏高原生态文化与经济社会关系、动物民族志。

目　　录

一、导　　言

1. 研究背景

谈起"三农"问题，我们总是会想到许许多多各种各样的困境，并且总会少不了与城市的对比，譬如城乡二元结构表现依然突出，农业农村维系与发展动力相对不足，等等。尽管"三农"发展面临的外部环境条件有了很大改善，但在一些支持保障方面的制度和举措依然相对不足，特别是对农业农村的投入在财政支出中的比例依旧较低，资金统筹使用的机制仍不健全，投入分散、精力分散、力量分散的现象还不同程度地存在。在与城市的对比中呈现出来的，依然是农村发展的动力不足，城乡居民收入差距较大，因此很多人会得出这样的结论：农业和农村对农民的吸引力和凝聚力在减弱。

农业和农村对农民的吸引力和凝聚力在减弱，这是一个重要命题。其背后的原因是什么？问题的症结到底出在哪里？不可否认，我们首先需要看看农民在生活中面临着怎样的问题，比如说，基础设施能够满足现代农民的需求吗？大多数农村区域的基础设施建设，如交通、通信、供水、供电、排水等设施，是相对滞后的，这些问题给农民的生产生活带来了很大的不便。

乡村还是水清天蓝的世外桃源吗？似乎已经很难给出肯定的回答。随着农村经济的发展，环境污染问题日益严重，如垃圾堆积、污水排放、噪音污染等。在我的家乡，政府曾经在村里投放了很多盛放垃圾的绿色垃圾桶，但后来因为垃圾箱不能及时清理，味道太大，没人愿意让这样的垃圾桶摆在自家门口附近。村民们的反馈是：这样的垃圾味道让人难以承受。因此政府被迫取消这一做法。这些问题不仅影响了农村的环境质量，也影响了农民的生活质量，更破坏了农村中的某些重要关系。

农村的公共服务是充足的吗？与城市相比，大多数农村的公共服务是欠缺的，农民的大量公共服务需求难以得到有效满足，如教育、医疗、文化、体育等设施，不但数量少，而且质量较低，保障也不够有效。这些问题直接影响了农民的基本权益和生活质量。

农村的社会保障体系充分吗？显然，农村地区的社会保障体系虽然有了巨大的改善，但与城市相比，做得还远远不够，农民在医疗、养老等方面的保障处于较低水平，由于多种因素制约，大多数农民享受保障的程度也较低，这也给农民的生活带来了很大的不确定性。

农民的收入水平低会带来怎样的结果？由于农业结构单一、生产方式仍比较落后、劳动力素质不高，农民的收入水平与城市相比仍然普遍较低。农村如何可持续地增收？如何进一步巩固脱贫成果？对这些问题，显然还没有清晰明确的答案。但可以肯定的是，农民的低收入状况必将严重影响农村的经济发展和社会稳定。

在外部拉力和内部推力的共同作用下，人口外流已经成为许多农村面临的重要问题。面对收入有限、就业机会不足、土地资源限制以及环境问题频发等问题，有谁会咬牙在农村坚持下去？如果有人坚持，又是什么让他们坚持？这些都值得深入思考。

中国华北地区农村家庭养殖的历史可以追溯到新石器时代晚期。那时人们已经开始使用石制、陶制等工具来养殖家畜，相应也出现了特殊的养殖工具和特定的养殖技术。石制的磨盘和磨石可以用来碾碎饲料，陶制的盆、罐等可以用来储存饲料和水。圈养家畜的做法也相应出现，人们开始使用木制或草制的栅栏、围栏等辅助工具开展对家畜的养殖和管理。随着农业的发展，家畜品种也开始变得丰富。这些家畜被圈养在专门的畜棚或畜圈中，并且定期进行放牧和喂养。与家畜相对应，家禽，如鸡、鸭、鹅等的饲养也已经出现。这些家禽被养在专门的区域中，如同家畜一样，也成为群体生活的重要组成部分。

农业的发展对人工饲养家畜产生了重要的推动作用。人们通过人工养殖来获得肉类和皮毛等产品，同时也可以利用家畜的粪便来施肥和种植农作物。农业的进步促进了"农业与养殖一体化模式"的形成，并在中国传统社会中占据主导地位，譬如以粮食产出提升养殖效果，同时用家畜家禽的粪便来给农作物施肥。可以说，没有农业的发展，家庭养殖动物的品种和规模必然会受到很大的局限。

　　农村家庭养殖主要是为了满足群体和个体的基本生活需求，但随着时间的推移，特别是伴随着生产力的提高，农村家庭养殖逐渐发展成为一种重要的经济活动，为群体生活提供了稳定的食品供应和收入来源，经济特点愈加明显。正是在这样的过程中，农村和农民的关系得以维系，农民也承袭着对作为家乡的农村的情感认同。

　　总体来看，华北地区农村家庭养殖不但历史悠久，经历了漫长的发展过程，而且体现了从以满足家庭的基本生活需求为主到以增加家庭收入为主的转变。农民逐渐学会了如何提高家畜家禽的繁殖效率和相关产品的生产效率，学会了更多的技术和方法，使得养殖业逐渐成为一种重要的具有地方特色的经济活动。家庭养殖是与农村、农民及农业紧密联系在一起的，尤其体现了农民的价值观、生活态度和创造性。家庭养殖是反映农村生活的一面镜子。

2. 研究目的

　　关注家乡，这其中蕴含着对家乡特定的研究目的，同样，研究农村家庭养殖和动物伦理，也体现着本书特定的目标追求。在本研究中，笔者将主要实现三个维度上的研究目标。

　　（1）关于家乡人类学研究目标的实现。①尝试建构起一种特定的乡村符号学，或者叫作以家乡的符号和象征为基础的人类学研究，研究这些符号如何在日常生活中被使用，以及它们如何影响人们对家乡的认同感和归属感。通过这种对家乡特有符号的研究，揭示其背后的文化含义和社会意义。②尝试探讨家乡环境人类学维度的研究。关注家乡的自然环境与人类活动，研究家乡的自然环境对人类活动的影响，以及人类活动如何改变自然环境。探讨人类与自然环境之间的互动关系如何影响人们对家乡的认知和情感。③尝试探讨家乡人际网络人类学维度的相关问题。关注家乡的人际网络变迁以及线上网络文化及其影响。研究家乡的线上人际网络如何影响和塑造线下人际关系和农村文化，以及它们如何影响人们对家乡的认知和情感。④关注乡村社区人类学的相关问题。探讨家乡的社会结构与网络关系，主要涉及家乡的社会结构，如邻里关系、社会组织、社区活动等，分析它们如何影响人们的日常生活和社会互动。

（2）关于家乡家庭养殖研究目标的实现。①探讨家庭养殖对农村文化的影响，通过透视养殖过程和关联价值，透视当地人的生活方式、价值观、信仰、传统习俗等文化传承。②揭示农村社会结构特征。家庭养殖是农村社会结构的重要组成部分，对家庭养殖的研究有助于揭示特定农村的社会结构、家庭关系、经济状况、社区互动等现象。③探索农村经济发展的特征和可能。家庭养殖是农村经济发展的重要来源之一，研究家庭养殖可以了解当地经济发展的特点、优势和不足，为当地经济发展提供参考和借鉴。④促进农村生活网络间的文化交流。研究家庭养殖的分布与传播特征，有助于理解和掌握不同地区之间的人员来往和文化交流，有利于增进人员间的相互了解和友谊，推动农村网络中的多样文化协调共生发展。⑤促进对农村生态环境保护的重视，有利于乡村生态环境的保护。家庭养殖在促进经济发展的同时，也可能会给农村带来一定的生态环境保护困境。研究家庭动物养殖可以帮助人们认识到生态保护的重要性和急迫性，有利于推广生态养殖、有机养殖等绿色发展模式，促进农村经济和生态环境的可持续发展。

（3）关于养殖动物伦理研究目标的实现。①反思养殖动物的权利问题，譬如应如何关注动物的权利和尊严，包括避免不必要的痛苦和死亡等。②探讨养殖动物的福利问题。研究为何及如何改善动物的生活条件，如食物、水、栖息地和医疗保健，以确保它们尽可能舒适和快乐。③分析动物与人类互动性。探讨人类和养殖动物之间的互动关系，以及如何促进他们之间的友好关系，并防止人类对养殖动物造成不必要的伤害和侵犯。④探讨动物在农村生态系统中扮演的角色问题。研究饲养动物在农村生态系统中的作用，以及农村中人类活动对动物和农村生态系统的影响，并寻求可持续的解决方案。

3. 研究方法

本研究作为一项家乡人类学研究，采用的最主要的研究方法是人类学的民族志法。在如何运用民族志研究方法上，研究者采用了故事化的民族志手法，也就是以故事化的方式来展现民族志研究，通过对亲身经历的社会事件的讲述来揭示研究主题。另外，本研究也采用了长时段的民族志手法，利用历史追溯的方式，按研究者的生命历程推进叙事，从而对研究对象进行深入的解读。通过故事化和长时段的民族志方法，研究者又努力实现一种情景重现的民族志，即根据研究对象的自身经历和发生在他们身上的主要故事，创造情景重现的内容，再现研究对象的生活环境和社会关系。

在具体运用中，研究者在自己的记忆基础上，运用访谈法和文献搜集整理等方法，以此提高研究的信度和效度。在获取相关资料中，研究者作为家乡村子中的一员，从小在那里长大，建立起的人际关系网络和对当地的风土人情、社会结构、文化传统等方面的了解对有效开展实地调查起到了重要的支撑作用；同时，基于与研究对象建立起的信任关系，研究者可以获得更真实、更深入的研究资料。把历史视角融入民族志研究，这是人类学研究的一个突破点。基于此，长期地观察和耐心地等待也是本研究在方法上的一个特点。获得连续性的资料，有助于揭示研究对象的生活规律和文化特点。

二、关于农村的再审视

我来自农村,农村是什么,对我来说仍是一个难以回答的问题。但一提到这个问题,我便不由自主地想起了小时候,想起了农村里的那些人、那些故事,再仔细回味,似乎所有的人、事都与村里的动物有着一定的关系。这让我心头忽地有了一种震颤。

在一次和父亲的电话对话中,我们聊起了农村和小时候的事情,他告诉我,现在家里变化太大了,不像小时候了。我感觉到他的话语里有各种各样的滋味,难以道尽。我们产生了共鸣。后来弟弟也加入讨论,他与我们的共鸣是一致的。我想,那种在我心里产生的震颤,应该是有过那种经历的农村人心里一种共同的东西吧。

任何一门学科都有自身的抱负,人类学的学科抱负不能少了对人类生活的反思与探索,尤其是找到并肯定某些重要的却常被人们忽视的价值。人类学必须坚持这样的一种观念:"基于长期观察、反复比较以及深度反省的人类学田野观察的知识积累和理论分析。"[1] 建立在此基础之上的关于人类学的农村研究的学科抱负至少应该涉及以下两方面:一是"了解中国当代发展的进行时,了解正在研究者眼前和当下所发生的事实";二是"为中国乡村振兴战略而做出一种人类学者的独特贡献,为这个新时代提供一份详尽的现场记录,为未来必然要成为过去的历史留下一份比较完备的真实档案"[2]。让农村及其意义系统地呈现出来,这是人类学学科对农村关怀的核心所在。

美国人类学家罗伯特·芮德菲尔德(Robert Redfield)曾经强调农民代

---

① 赵旭东:《乡愁中国的两种表达及其文化转型之路——新时代乡村文化振兴路径和模式研究》,载《西北师大学报(社会科学版)》2019 年第 3 期。

② 赵旭东:《乡愁中国的两种表达及其文化转型之路——新时代乡村文化振兴路径和模式研究》,载《西北师大学报(社会科学版)》2019 年第 3 期。

表的不是全部社会，充其量只能算作"部分社会"（part-society）①，农民的文化也只能是一个社会中的"一半"，只能是"半个文化"。之所以这样说，是因为农村、农民以及与其相关的文化总是在变动中存在的，人们总是在与外界对话并接受着新东西，同时也抛开另一些东西。如果说农村是这样，那城市呢？当然也是这样。芮德菲尔德实际上提出了一个人类特定社会空间和群体在社会变迁中的共性问题：一种变化，不断地变化。要理解这种变化，似乎并不容易，而真正理解农村、农民是真正理解这种变化和趋势的关键，或者说可以为我们反思这种变化提供基本的支撑。

但只关注和理解变化就可以了吗？似乎也不行。因为，我们所说的农民、农村不是孤立的，或者说，农民是有体系的，不是完全孤立的，农村更是如此。芮德菲尔德用"大小传统"的分析强调了这一点。从更为直观和具体的方面来说，在任何时代、任何区域的农村，没有个人或者家户可以完全做到自给自足，总有一系列问题必须在个人或家户以外得到解决：关于政治、宗教、经济、子女的婚姻和其他一些关乎生存的重要方面，让人们、家户以及不同村落之间建立起某些关系。不顾游牧民的生活以及村庄实际的情况，完全让牧民们执行一个村子的组织制度，这在生态学角度上是有问题的，也会产生一系列消极后果。

1. 城市、农村与农民

农村与城市相对，二者是何种关系？用任何简单的公式描述它们之间的数量关系都是不合理的，用任何简单的定性描述来给他们之间的关系进行界定也是不妥当的，并无法与实际情况相对应，无论在哪些方面都应该慎重；因为，农村是各种各样的，而城市的同质化却极强，因此，要把二者的对照关系弄清楚，就必须把农村搞清楚——当然，并不是说城市的重要性低，或者不需要调查，只是真正认识农村的需求是极为重要的。

从学术的角度产生的困扰是难以轻易解决的，对人类学研究者来说更

---

① ROBERT REDFIELD. Peasant Society and Culture：An Anthropological Approach to Civilization. *American Sociological Review*，1956，21（5）：643-644.

是如此。农村、农民与城市之间到底有什么关联？这意味着什么？未来它们会走向何方？诚然，理想与现实之间的矛盾、冲突以及造成的披着各种各样外衣的纠缠现象都让人类学家们心焦。哪怕是我们这样被日常生活所包围的普通人，也常被这种焦虑所困扰。

城市与农村之间是相对的，甚至是矛盾的，这种观点的说服力并不强，但是若出现了这种情况，就应该成为人类学家们高度关注的问题了。在学术界里，没有人会主张中国的城市与农村之间是分离的或者完全对立的。赵旭东就明确指出，应该"从一种城乡连续体的意义上去考察中国，不论是在一种观念上还是在其物质性上，甚或从其文明自身发展的历程上而言，城乡之间必然是相互依赖和彼此互构的"①。

城市的变化在影响农村吗？我想答案是肯定的。二者都是在变，而且是一种有关联的变。不过，我们还是需要慎重地对待城市之变以及它可能给农村带来的挑战。对任何一个城市中的人来说，城市似乎总是一个激进的、昂扬的姿态，总会有东西刺激人们的神经。那些快速变迁的城市面貌，譬如五光十色的彩灯、喧嚣的人群和大型综合商场无时无刻不在刺激着城市人的神经，其中的快速变化、不断更新以及那些抓人心思的新创意、新亮点总让人感叹。在计算机、网络和智能技术的应用中，城市同样比农村更快、更强，仿佛把农村远远甩在身后。在这些方面，农村似乎总是在跟随着城市的脚步。

城市的先进、快节奏与便捷看似给人们带来了巨大无比的实惠，似乎对此没有人会否认。但正是在这一过程中，城市人似乎在变得冷漠，赵旭东说："在快速的城市化历程之中，中国的城市人口可能在还没有先期自我个体化之前，实际上已先期自我冷漠化了。"②

如果说城市中真的存在"冷漠化"的现象，那么它到底意味着什么呢？会给城市、农村的人们带来什么呢？这些发问其实有些幼稚可笑。我们可以从西方社会的历史进程中发现，其实城市的存在与看似不可避免的

---

① 赵旭东：《从城乡中国到理想中国——一种交融、互惠与理解的乡村振兴人类学的涌现》，载《原生态民族文化学刊》2022年第1期。

② 赵旭东：《从工业下乡到文化下乡——一种基于文化转型人类学视角的新观察》，载《河北师范大学学报（哲学社会科学版）》2022年第5期。

"发展"在不断地把个体人推向一种"自我存在"的状态，人与人之间的距离虽然很近，但在内心深处却是彼此远离的，甚至在不断变远，这就是一种强迫式的"个体化人"的倾向，或者叫作人的原子化。这是一种由畸形发展引发的人性的危机，只顾自己的社会细想起来让我们不寒而栗。所以，无论我们是否可以看到明天，都不能被这种冷漠吞没，更不能让它淹没农村。我们始终需要团结，需要烟火气，需要人与人之间的温情以及在这种温情下的共同生活。

所以，在农村中最珍贵的，可能都与这种人间温情有关，包括人与人之间、人与动物之间的温情。芮德菲尔德所说的农民文化的特点是有一定道理的，至少在农民、农村中可以吸收进很多东西，这体现了农民、农村的包容性，同时也呈现出他们的不坚定性，他们总是看似容易被改变，这可能也是历史与社会共同建构的一种局限吧。不过，对于农民、农村所展现的包容，我们还是应该好好珍惜，因为它们是宝贵的、质朴的——无论说它是一种"愚"还是落后，抑或是摇摆。从历史中，我们能够发现农民、农村从外部吸纳各种力量来保护自己、发展自己的现象，比如中国历史上各种各样的"下乡"运动。正因为具有这种包容与吸纳的特质，农民、农村总是在不断地改变着，而在各种各样的改变中，有一些是对他们具有重要意义的，或者说直接关系着农村的生活本质、农村的温情以及这个名词背后代表的一切内容的未来。

在中国农村，生计不是一个纯粹的经济范畴，因为它除了支撑人们获得生存资源和物质资源之外，还支撑着人们之间的相互关系，并由此支撑农村中的人际网络和温情。所以，农村中农民的生计实际上是农村包容性的直观体现之一，甚至是感受到包容的最直观、最重要的方式。基于这种理解，我们在农村生计中可以看到除了物质之外的许多东西，它们是社会性的，是文化性的。甚至，我们最终会把生计归结到文化上来，归结到人们的关系和农村的本质上来。

人们对农村生计、文化的关怀是必要的，没有人会反对这样的观点。不过，这种观点实际上却很难在实践中得到有效落实。

"文化自觉"是费孝通先生晚年提出的一个重要的文化命题，也是重要的社会命题。只有实现了"文化自觉"，才能建立"安其所、遂其生"

的社会。通过文化自觉，人们以内省和自觉的方式认识自己和自己的文化，并基于此去认识其他的文化、群体和社会。在费孝通先生看来，中国文化中有一种特质，它发挥着凝聚与包容的重要作用。基于自己的本土文化来思考和分析，这对中国文化研究具有重要的意义。无论对农村文化的研究者来说，还是对那些总是生活在一定的农村场域中的农民来说，都要有一种把自己放在文化中的自觉，这样，农村的特定本质才会被捕捉，才会激发我们珍惜那里的东西，享受那些特定的文化存在。

无论别人的方法有多么的好，完全采用拿来主义的做法，在研究中国农村、农民的问题中终归是站不住脚的。庄孔韶教授针对西方长期流行的"大传统—小传统"和"精英文化—大众文化"研究框架进行解读，他认为，这些研究方法对研究中国农村社会是有帮助的，但不能盲从，更不能生搬硬套，因为这些研究方法和框架的提出都是以特定区域的文化样本为对象和基础的，这些与中国的农村社会存在着巨大的差异。因此，我们需要做的是借鉴其中有益的成分，努力探索适合中国文化特点的研究方法和分析框架。[①]

关于这一点，费孝通先生在晚年进行了大量的反思，他强调研究中国的问题，尤其是农村问题，必须在方法上超越西方实证主义的那些套路。那么，就要对中国文化语境进行会意，要把理解"我"作为一种方法。[②]无论在学术研究中还是现实生活中，"我"都是一个极为重要的概念或者说载体，因为我是认识这个世界的基础，同时通过我与世界形成边界，但这种认识实际上是存在问题的，或者说把"我"描述成这样的"我"是有问题的。胡塞尔在《欧洲科学危机和超验现象学》[③]中提出"人的主体性悖论"，他指出，人既作为世界的主体，同时又是世界的客体。如果用主观意识来定义自我，那么自我就不是世界的一部分；如果把自我定义为世界中的客体对象，这又表明自我是世界的一部分，而不构成针对世界的

① 庄孔韶：《银翅：中国的地方社会与文化变迁》，生活书店出版有限公司，2016 年。

② 赵旭东：《超越社会学既有传统——对费孝通晚年社会学方法论思考的再思考》，载《中国社会科学》2010 年第 6 期。

③ （德）胡塞尔：《欧洲科学危机和超验现象学》，上海译文出版社，2005 年。

主体。① 这描述了一种重要的纠缠关系。不过，把"我"作为一种方法，有其重要性，这是我们通常要坚持的，更不能轻易否定。费孝通先生将其指向"主体性"，其意在强调不应该把我们的研究对象作为纯粹的客体，要用"心"去领会对象，将心比心，再通俗一些讲就是要以一个主体的姿态去认识另一个主体，用心去交流、领会。②

我们谁也不会承认"自己"是一个纯粹的客体，然后，作为主体的一切必然要体现出主体性，这种主体性表现于外则有各种各样的形式，有的大有的小，有的惊天动地，有的无声无息，这就是困难之处：那些无声无息的主体性，在这样的状态中容易被忽视、被抹杀。在历史中有一条规律，即常人的生活以及他们作为主体的东西是容易流失的，没有记载，难觅资料和证据，那么在这样的情况下，作为主体的这些普通人的主体性在哪里？如何考证和分析？

2. 理解农民和真实的主体性

马林诺夫斯基对西太平洋岛民的研究是人类学研究的经典作品，但面对这些作品时，费孝通先生反思了这样的一个问题：西太平洋的岛民们通过这些有名的人类学研究作品获得了什么？他们能够得到什么？他认为，这些岛民实际上只是人类学研究者获取知识的工具，只是为人类学家们服务的，这些知识和结论对这些被研究者来说，无法真正为他们带来启示和更好的明天。所以费孝通一直在追求把研究成果应用在改善本地人民的生活上，考虑农村、农民的未来。这需要让我们的人类学研究成果更为便利地让农民们看到，对照他们自己的视角，这才是一种更为真实，更有价值的人类学研究。

人类学要见到活生生的人、活生生的人的生活，并反过来，让这些活生生的人见到人类学中的自己，体现出他们的主体性、他们的反思和他们对未来的界定与改变。在马林诺夫斯基时代，人类学家们离开摇椅走入研

① C. Durt, The Embodied Self and the Paradox of Subjectivity, *Husserl Studies*, 2020, 36（1）：34-36.

② 费孝通：《费孝通全集》（第十七卷），内蒙古人民出版社，2009年。

究对象真实的生活，这是一种巨大的进展，但这还不彻底，因为在他们的研究中始终隐藏着某些偏见和对象的客体化。费孝通等中国人类学先辈们对中国本土社会的研究具有重要的里程碑意义，因为他们在一定程度上实现了人类学的再一次转向，把对象作为主体，或者说是为了研究学术角度下的主体，而不是为了纯粹的人类学研究。在费孝通晚年，他反思了自己早年的研究，认为那时犯了"只见社会不见人"的错误，可以说在某种程度上超越了以往的思考，把"将心比心"提升到了一个方法论的层次，把活生生的人与他们的生活作为研究的一种宗旨，试图建立起以人民为中心的有自觉的人类学。①

对人类学家们来说，要了解、感受、服务农村以及农民的主体性，当然有大量的工作要做，甚至给出一个有效而清晰的框架都有着相当大的困难，不过，这些并不应该成为不做这项工作的借口。研究者研究农村通常会把农村划分为传统、现代两类，或者用这两个标准来看待农村的状态。当然，所有研究者都知道，所谓的传统和现代并不是分割的，更不是对立的，而是在农村中形成了连续的、杂糅的状态，这就导致许多研究在对象化的农村和农民中显得过于单薄了。

面对农村、进入农村，我们会被各种各样的事情所缠绕。这是难以避免的，同时这也是农村复杂性、历史性发展的一种结果，仿佛在那里曾经有过的、正在发生的以及可能发生的是是非非、功过对错、人情冷暖都汇集到一起。我们如何只从一个角度去看呢？似乎这是不可能的。所以我们还要找到切入点，沉浸在其中，在纠缠中去发现、感受和分析，并找到合适的角度进行综合呈现。即使从学术研究的角度来说，也同样如此。费孝通早年在《乡土中国》中以"差序格局"概念来界定农村和那里的关系网络，认为在农村中，个体的价值是核心，农村中的一切关系网络及其运行都是围绕个体价值开展的。不过，到了晚年，他打破了先前的界定，指出个体的中心性并没有否定世界的其他价值，个体与他们所处的世界并不是对立的，而应该是协调的。②

---

① 赵旭东、王蹼：《反思中的文化自觉——基于费孝通文化观的人类学方法论》，载《学术界》2019年第9期。

② 费孝通：《费孝通全集》（第十七卷），内蒙古人民出版社，2009年。

赵旭东把乡村问题的发现者和改造者分为两类，一类是"外来者言"类型，另一类是"自说自话"类型。前者以倡导乡村改造运动的晏阳初为代表，这一类型的特征是认为"农民一无是处"，"贫、弱、病、私"充斥农村，并构成农民的典型特征。这一类人以批判者的姿态高高自居在上，俯瞰中国乡村和中国农民。他们的目标是要彻底改变农村和中国农民，让农村和农民脱胎换骨；他们的手段是依靠外来的资源和力量，强力地进行改造，推行"乡村新生活"。历史向我们昭示了，这些认识、观念和做法均走错了路，无法解决他们所谓的中国农村和中国农民的问题，结果自然与他们所谓的翻天巨变背道而驰。赵旭东这样总结：

> 这种"外来者言"的做法明显是隔靴搔痒，他们对于农民根本不了解、不信任，才可能对象化地去外观中国乡村，并试图人为地去改变世代生活在那里的千千万万的农民自身的做法和境遇，结果必然是无论如何都摸不着乡村问题的痛处。[1]

"自说自话"类型则走了一条本土的路径，他们不关注欧美的理论，而特别强调本土语境下的农民立场，不过，这种"农民的立场"却又缺乏农民生活。提出这一立场的人没有或者缺少在农民中真正感受、真正认知和总结发现的过程，所以，他们所主张的"农民的立场"并无法真正成立，至少在很大程度上是这样的。很多"自说自话"的人会强调农村中的融洽气氛，强调人际关系网络，强调互帮互助，强调农民特有的朴素、诚实以及对生活的感悟等，因此赞颂农村和农民，认为不应该去改变农村中存在的东西，也不能让农民过多地接触市场。所以，他们认为农村传统中的东西才是农村持续发展的根本。赵旭东认为，这样的观点实际上是"自说自话"类型者们的一己之见，是建立在他们自己先入为主的价值判断基础上的。

"外来者言"和"自说自话"两种类型的对立实际上只是他们自己编

---

① 赵旭东：《自觉意识下乡村振兴的维度——一种理解农民生活基础的文化转型人类学》，载《社会科学》2022 年第 8 期。

织出来的对立，他们的视角也缺乏扎实的基础，因此都可以将他们的观点归入具有偏见的范畴，沿着他们的方向甚至会走向极端。如何破除这样的困境呢？赵旭东认为，"只有取法乎其中，或许才可能得到这个问题的适恰理解，即尝试着用乡村去理解乡村，回归于乡村生活本体"。在他看来，这应该是中国人类学对乡村研究秉持的立场，试图通过长期、详尽的田野工作让乡村自己发声和讲话，由此理解转型中的中国乡村。① 可以通过譬如暴露两类立场的缺陷和风险，并把它们的有益之处结合起来这样的方法，实现乡村研究和实践的文化自觉。

　　谈农村、农民，就不能绕过土地，三者之间似乎有一种天然的内在关联。但是不能忽略了这样的问题：土地向来不是纯粹的，它是在特定的历史阶段、特定的社会权利关系下，与农民如何生活结合在一起的，更直白一些说，农民与土地的关系实际上是镶嵌在各种各样的生计方式之内的，只有与生计结合起来说，土地才不会是一个影子，才是真切的。如果土地与农民的谋生手段和方式无关，那么它就是缥缈的，对农村、农民来说，土地的意义也就很难判断了。

　　当生计方式多样化了，更容易致富了，谁会仍然死抱着土地呢？这个命题是否成立，当然值得深入研究，不过从实际情况来看，存在大量的农民与土地相分离的现象。实际上，在 20 世纪 70 年代至 90 年代的马踏店村，那时的人们十分渴望"商品粮"，渴望能找到富起来的路子，而不是将一心一意全部局限在土地上。但同时我们也看到，土地确实是一个农村人的根，一个农村家庭即使变得再富有，也不会轻易放弃家里的土地。在农村大量存在这样的现象：村里的一些人在外地赚钱，但他们的土地并没有荒芜，而多是由村里其他人耕种，或者由在外村的亲戚耕种——收不收钱，收多少钱，这些似乎并不是什么重要的问题，重要的是，这些土地仍是他们的。所以，实际上农村的副业与土地之间存在一种张力，无论这种张力如何，土地对农民来说都具有丰富的意义，任何关于农民与土地关系的政策都非同小可。

---

　　① 赵旭东：《自觉意识下乡村振兴的维度——一种理解农民生活基础的文化转型人类学》，载《社会科学》2022 年第 8 期。

　　在张力网络中，有一个维度的张力值得高度关注，它也是人们常常会注意到的。随着生产力的发展和生活水平的提高以及人们对更美好生活追求的升级，农业可以满足农民的全部需求吗？显然，需求的提高极大地增加了土地满足家庭需求的压力，或者可以直白地说，由土地来满足家庭的全部需求是不现实的，也是不可能实现的。即使再保守一些说，完全以土地支撑一个家庭生存的可能性都是较小的——即使再富饶的土地也是如此。历史的车轮滚滚向前，并在这一过程中向我们昭示了土地与农民关系的微妙变化。在以往主要依靠土地的农村中，大量的青壮年劳动力，甚至中老年人都外出打工，依靠在外的收入满足生活所需。在播种和收获的季节，才能在田地里看到他们急匆匆的身影。为什么会出现这样的现象呢？我们可以罗列出许许多多的原因，但这种现象出现了，这本身就说明了农村、农民与土地之间关系的复杂性，以及关系的重要性。这种现象暗示着一种重要的转变：农民的需求不是简单的土地、金钱，也不是简单的外出赚钱。

　　从这一点来说，随着经济社会的变迁，对农村和农民来说，土地的意义已经变得更为复杂。虽然我们可以认为，它绝不简单等同于一种经济利益，但实际上它的形象本身在社会变迁的大潮中已经变得模糊，从土地耕作中获取以前那种安全感的体验已经变得缥缈，而且作为一个农村人和农村家庭的稳固感似乎也不再那样牢靠。但是，谁又能否定土地更深层的新意义呢？

　　土地常常被人类学家看作一种亲属关系的纽带，或者是一种人际网络的支撑。所以人们在那里可以找到一些让心灵感受特别的东西，有时甚至就把土地当作生活的根基。有了根就会觉得踏实，而在大城市中即使有了很多钱，也缺少根的支撑，这样便很难体会到有根的踏实感。这种踏实感并不来自耕种土地，而是那块土地本身所带来的，在自己土地上开展一切活动都会让他们踏实。从这个角度来说，我们就会对农村土地的深层意义有所了解。它可能暗示着，在农民"自家"土地上的副业活动扮演了极为重要的角色。

　　我在年少的时期，经历了农村中副业成长和兴盛的阶段。那个时候，好像一切都充满着活力和希望。在我们的村庄，动物养殖业快速占据了副业的主导，孩子们则在其中体验着那时的农村、那时的农村生活以及那时的农村中人与人之间的关系。我们无一例外地参与了家庭动物的饲养，每个人都学会了一些手艺，甚至有些人学到了精湛的、独到的手艺。当然，这一过程如同后面我将呈现给所有读者朋友的一样，是自然而然地发生的，是在生活中我们共同学习、探讨、实践、练习，最终习得的。后来我常反思这一过程，应该是一个农村中农民最好状态的一种体现吧，因为那些本领和手艺是我们作为农村人自己摸索着获得了新知识，并把这些知识应用起来而掌握的。大家都在其中探索着，努力着，并且相互交流。现在回忆起来，总是令我留恋和感慨。

3. 农村中的人与动物关系

如果动物养殖成为农村中一个与土地融合到一起的元素，那么我们需要对它另眼相看。当我广泛搜索相关的研究文献时，却发现了一个这样的问题：相关的研究成果数量并不多，甚至可以说颇为少见。

但若从多物种民族志的角度去寻找，国外的相关文献还是比较丰富的，但这些文献又多关注动物伦理、动物福利或者动物法律等方面，我想寻找的农民、动物、土地与农村的关系问题并没有成为文献中关键的问题，甚至被大多数研究所忽视。或许，我要寻找或者关注的是，农村家庭养殖动物在何种程度上成为一种被重新定义的"动物"——因为它们的存在和消失与中国农村的特有本质有着内在的联系。

从空间特征来看，对人与养殖动物关系的理解存在着差异。城市中多把养殖看作满足人类生理需求的养殖，或者说是面对城市市场需求的，所以需要的是集约化的、大规模的养殖，这样的养殖链条以利润为重要目标之一。这种大规模的集约化养殖是工业式的，参与养殖工作的所有人都接受科层化管理，有严格的上班、下班之分，所以也就有了工作时间和休闲时间之分。在农村，养殖当然也是以获取利润为目标，只不过是小家庭式的，是生活的一部分，所以这样的家庭养殖不存在城市中的工作、休闲之分，养殖与耕种田地、休息，以及谋生获利是融合在一起的。

进一步说，在农村家庭养殖之中，谋生问题当然重要，因为农村人也要有收入，也要支撑生活，尤其要支撑后代的教育、发展，所以能够获得更多的收入当然是农村家庭养殖的重点之一。但该重点是融入农村人的日常生活的，也就是不能把这种养殖看作工作制下的责任制，因为哪怕是三更半夜，只要有需要，人们都会以最尽责的态度照顾养殖的那些动物。这一点无须怀疑。

为了能够从更广的范围获得关于传统社会农村家庭养殖与农村社会之间关系的认知，笔者尝试运用人工智能 CHATBOT 对这一问题进行回答，其回答如下：

> 传统社会中家庭养殖动物与农村社会之间存在着密切的关系。在农村社会中，家庭养殖动物是农民的重要经济资源和生计来源。以下是家庭养殖动物与农村社会之间的几个方面关系：①经济支撑。家庭养殖动物为农村家庭提供了重要的经济收入和生计来源。农民可以出售家禽、牛、猪等家庭养殖动物的产品，如肉、蛋、奶等，获取经济收入，用于家庭的生活费用和农业生产。②食物供给。家庭养殖动物为农村家庭提供了丰富的食物供给。农民可以自家消费家禽、牛、猪等的产品，如肉、蛋、奶，使得农村家庭能够获得更多的蛋白质和营养，提高生活质量。③农田肥料。家庭养殖动物的粪便可以作为优质的有机肥料，用于农田的施肥。这样可以提高农田的肥力，增加农作物的产量，促进农业的发展。④劳动力利用。家庭养殖动物的饲养需要投入一定的劳动力，因此可以有效利用农村家庭的劳动力资源。家庭成员可以参与家禽、牛、猪等养殖工作，增加农村家庭的就业机会和收入。⑤农村社会文化。家庭养殖动物在农村社会中扮演着重要的角色，不仅仅是经济资源，还与农村社会文化紧密相连。例如养鸡养鸭的传统习俗、农村的庙会活动等，都与家庭养殖动物有关，成为农村社会文化的一部分。
>
> 总的来说，家庭养殖动物是农村社会的重要组成部分，对农民的经济生活、食物供给、农业发展和社会文化都有着重要影响。

从人工智能的回答来看，它对这一问题的关注更主要是从经济、生计、劳动力利用以及农村中特定文化等角度切入的。我们可以将其概括为农村的一种副业和文化现象。但对这样的回答，我们需要进行反思。

如果说养殖业是农村中的一门副业，那么这门副业绝不是简单的经济指标下的范畴，因为它是建立在农民的日常生活和全身心投入之上的。如果非要说家庭养殖是一门副业，那么可以说，这门副业是和农村生活中绝大多数事件和关系融合在一起的，是作为养殖者的农民们想得最多、用心最多的事——这些绝不是简单的经济范畴内的副业问题，或者被描绘成一种表象的文化现象，因为在这些背后还有重要的社会逻辑问题。

4. 怎样的农民

芮德菲尔德认为农民、农村都具有某种封闭性和滞后性，许多研究也都持同样的观点，认为农村是要被改造的，农民也是需要学习和成长的，从现代发展意义上说，农村总是落后于城市的。不过，这样的观点真的成立吗？无论是否成立或者是否可以获得足够的支撑，我们都不能忽略一个问题，那就是农民并不是完全一体的，也不是完全被动的。

为什么这样说呢？因为农民也是人，人具有主体性，是能够创造和改变的主体性，农民不是完全的客体，所以只要是功能性的人，就不能被简单地套上模板。或者更直白地说，我们需要关注具有主体性的农民，而不是木偶般的农民。从目的来说，我们更希望看到的是农村中充满着农民的智慧和他们的创造力，而不是被克隆的农村和缺乏生机的农村。如果农村真的足够好了，在那里人们可以真正享受自我、拥抱自我，为自己的创造而自豪和高兴时，那么，就不会有那么多空巢村，就不会有那么多留守儿童，也不会使有本事的人"逃离农村"了。赵旭东有句话是这样说的：

> 找寻到农村发展之中的真正行动者而不是旁观者才可谓是全部问题的关键。而以行动者主体为中心的发展路径和模式，才是乡村在未

来发展上最为重要的关键所在。①

让农民成为自己生活的主人，成为农村的主人，应该是对这句话意思的更直白的表达。如果在农村，农民在逐渐变成看客，那么迟早会出问题。农村并不是没有未来，但未来在哪里？这更大程度上取决于农民的参与，不但要听取他们的意见，而且应该依靠他们，因为其他任何人、任何力量终究是外部的，外力的进入和发挥作用始终不是长久之计，这一点任何人都明白。所以可以用一句话来描述：作为农村主人的农民总要具有自己的本领、认知和创造力，总要对自己负责，这应该才是解决农村一切问题的根本之道。

若这样的推理能够成立，那么以传统农村的样子或方式来衡量现在和未来的农村、农民，则是出现了偏差，因为我们要看的不是外形上的、表面上的，而是要看农民的主体性、创造性问题。农村的变化在某种程度上是不可避免的，而农民的主体性和创造性则是所有变化背后的根本所在。如果变化冲击、弱化了主体性，那么就隐藏着农村的危机；如果变化激发了农民更大的主体性和创造性，那么即使遇到一些困难和挫折，农村也不会垮掉，也不会失去朝向更美好目标前进的动力。

5. 我和我的家乡

在本研究中，我仿佛回到从前，在我的家中和作为家乡的农村中，我是一个农民的孩子，也是一个在家庭养殖中扮演角色的农民，就此来说，我也是被研究的对象。在写作中，我又是一个研究者，是对"从前的我"和"从前的我所在农村"的研究者。在这两个我之间，既有区别，又有联系，也有连续性与变化性。这种特点让现在的我可以从多方面审视以前的我和农村的家庭以及我生活的那个农村。这样，有理由让其他人相信，我所呈现出来的农民、农村的情况更真切，不至于让我们脱离农村的真实而

① 赵旭东：《乡愁中国的两种表达及其文化转型之路——新时代乡村文化振兴路径和模式研究》，载《西北师大学报（社会科学版）》2019 年第 3 期。

去谈农村和农民。

赵旭东认为，在具体的乡村中，在现实可观察的真实场景中，会把各种抽象的、高高在上的分析性概念具象化到真实发生的行为之上。这一点正是村落研究的"真实价值和魅力的所在"。① 或许可以认为，正是这一点向我们展示了家乡人类学之重要以及它的价值所在。

关于家乡人类学研究的主要维度可能涉及以下几个方面。一是文化多样性研究。包括不同民族、社群、家庭和个人之间的文化差异研究，也涉及对不同文化变迁和文化交流的研究。二是社会关系和身份认同研究。研究家乡社会中的社会关系和身份认同，探索社会组织、家族与家庭结构、性别角色等方面的变化。三是环境与可持续发展研究。主要关注家乡社区与环境之间的相互关系，研究可持续发展和生态保护之间的关系问题。四是技术与社会变迁研究。随着科技的发展，人类学研究者更加关注现代社会中技术对家乡社会的影响，关注信息通信技术对家乡社会结构、文化传承和社会关系的影响。五是移民与流动研究。家乡的移民和流动现象受到了广泛关注，不但关注移民对家乡社会、经济和文化的影响，而且关注移民和流动带来的身份认同和社会融合问题。

这些研究维度实际上向我们展现了一种对家乡人与社会的现实关怀。可以说，家乡人类学首先就是要回到家乡，回望曾经的自己，并从历史和人的生命历程角度进行对话、反思和生命提炼。

我想，我们每个人总会在某一时刻，在内心深处涌出一种对家乡的思念，对以往某些人物和事件以及人际关系的怀念。那么，就让我们来一场和小时候的对话，一起思考"我和我的家乡"的问题。基于这样的工作，我也在努力探索一种研究者的自我民族志工作——我想，在今后的农村研究中，该工作应该受到更大的重视，这样做将有助于研究者、农民以及政策的制定者更为全面、深入地审视、反思农村的发展之路问题。

---

① 赵旭东：《变化逻辑下的文化跨越——一个人类学者村里村外的记录与反思》，载《广西民族大学学报（哲学社会科学版）》2022 年第 1 期。

三、马踏店村与传统生活

马踏店村位于河北省秦皇岛市昌黎县新集镇。1977 年，我出生在那里。

昌黎县位于河北省东北部，秦皇岛市西南部，北纬 39°22′—39°48′，东经 118°45′—119°20′。县境东西最长 50.5 公里，南北最宽 47.5 公里，总面积为 1212.4 平方公里。东面濒临渤海，海岸线长 64.9 公里。县域内交通发达，有北戴河国际机场，205 国道横贯县境，有 3 个沿海高速出口。昌黎县辖 11 镇 5 乡 1 区，各镇、乡、区、办事处下辖 446 个行政村（其中 28 个行政村由北戴河新区托管）和 23 个社区居民委员会。

昌黎县有悠久的历史，境内发现的旧石器时代遗址表明：在 1 万年前的旧石器时代晚期，县域内已经存在人类劳动生息。境内发现的新石器时代遗址表明：境内四五千年前已经出现了经营原始农业和畜牧业的聚落。夏禹时，该区域属冀州。商汤时期属孤竹国。中华人民共和国成立后，曾作为唐山专署驻地。1983 年 3 月，唐山地区撤销，昌黎县划归秦皇岛市。1988 年 3 月，被国务院确定为沿海开放县。2005 年 1 月，被确定为河北省首批扩权县。[①]

昌黎县经济形式多样，旅游业、养殖业、种植业活跃。2019 年地区生产总值 2863714 万元，2020 年为 3020765 万元。[②] 进入 20 世纪 80 年代，当地家庭养殖业兴盛，水貂、狐狸、貉子等珍稀皮草动物养殖发展迅猛，覆盖 17 乡镇的 320 多个行政村。2015 年皮毛动物养殖总量达到 1400 万只，是当时全国最大的毛皮动物养殖基地，先后被授予"中国养貂之乡""中国毛皮产业化基地""中国皮毛产业循环经济示范县"和"中国毛皮

[①] 参见昌黎县人民政府网站 http://www.clxzf.gov.cn/syscolumn/zjcl/clgk/index.html。

[②] 数据来源："昌黎县统计局 2019 年统计月报"和"昌黎县统计局 202012 统计月报"（昌黎县人民政府网站 http://www.clxzf.gov.cn/index.jsp）。

产业基地"称号，是华北地区最大的毛皮集散地和全国最大的生皮交易基地，年成交活体 50 万只、生熟皮 1500 万张，年交易额突破 80 亿元。[①] 2000 年之后，当地藏獒养殖快速发展，有内地"小玉树"[②]之称，在 2008 年左右达到养殖高峰，有近百万只。"有钱"也成了昌黎县各村的主要标志。人们因那些家养动物而致富，昌黎大地上激荡着一种不断向前的力量与热情。

昌黎也是一个旅游县，自古就有"小天津"之称，境内有碣石山、黄金海岸等著名旅游资源，各类景区景点 16 个，其中 4A 级景区 3 个，各类疗养机构和宾馆招待单位 129 家。京津冀协同发展和境内的北戴河机场通行，物流运输业快速发展。[③] 这种市场环境一定程度激发了当地乡镇农村中的市场化形态发展，养殖业及其形态的快速转化成为昌黎农村人市场意识的重要表现。

新集镇位于昌黎县西南部 21 公里处，西至滦河附近，面积 91.12 平方公里。截至 2020 年 6 月，共辖 42 个行政村。清代乾隆年间，滦河发大水，原居住在套里街的居民被迫迁移至此处。光绪二十三年（1897 年），套里街群众超过 40 户，便在当地设立集市，形成雏形并定名。1924 年直奉战争、1926 年奉军与冯玉祥的军队沿滦河作战，人民饱受战乱之苦。并且土匪为患，抢劫、杀人事件常有发生。这种状况激发了当地开展斗争和革命的热情，1938 年七月发生了"三八"暴动。1947 年开始"土改"。1958 年 10 月 10 日起，各村普遍建立幼儿园，第二年秋，农业中学成立。

---

① 数据和资料来源："河北省昌黎 – 中国毛皮产业基地·昌黎"，中国皮革网 http：//www.chinaleather.org/front/article/862/206；"走进昌黎：特色产业"，昌黎县人民政府网站 http：//www.clxzf.gov.cn/syscolumn/zjcl/tscy/index.html。

② 玉树指玉树州，是青海省下辖地级行政区，玉树藏獒在全国有着举足轻重的地位，那里很多家庭以养藏獒为业，藏獒也成了家庭经济的重要来源。玉树藏獒不仅数量多，而且品质优良，体型高大，头版好，许多知名藏獒都来自玉树。因此，玉树在藏獒圈里有非常高的知名度。

③ 昌黎县政府对本县经济环境与发展的总体定位是："京津冀协同发展战略的实施、北戴河机场通航，以及电子商务、互联网＋等不断发展完善的现代商贸物流模式，为昌黎发展商贸物流提供了新的机遇和强劲动力，成为了吸引各种物流资源和要素集聚，发展第三方物流、冷链物流、会展经济、总部经济的特有优势。"（参见"走进昌黎：特色产业"，昌黎县人民政府网站 http：//www.clxzf.gov.cn/syscolumn/zjcl/tscy/index.html）。

1969 年建立卫生院，至 1975 年建成。1976 年唐山大地震，当地受影响较大，23 人死亡，68 人重伤，房屋倒塌 60031 间，猪圈倒塌 1732 个，压死猪 223 头。1977 年春，村镇规划中把一宅多户变为一户一院，第二年在县城之间铺设沥青路。1980 年，扩大自留地，发展养殖类庭院经济和工业、副业生产。1982 年，普遍实行联产承包责任制。大力发展庭院经济和多种经营，大力支持和宣传专业户和重点户。

在新集镇多种饲养行业中，逐步从饲养生猪、羊、家禽为主转向养殖特种经济动物为主。2011 年末各类家养动物存栏数为：生猪 0.76 万头，羊 0.96 万只，奶牛 0.35 万头，貉 3.15 万头，狐 0.32 万头，貂 2.13 万头，藏獒 1.68 万条，禽年饲养量 24.53 万羽。

从 1982 年实行联产承包责任制开始，家庭经济获得了相对的自由，无论养殖的动物是什么，家庭养殖活动都在家庭生活、乡村生活和人际关系网络中扮演了至关重要的角色，发挥了重要的作用。关于这一点，我的印象是极为深刻的。因为我就生活在其中，无论是在我身上发生的事件还是建立的关系，以及村里人如何看待我、评价我，似乎都与我家里养殖的动物有关。

目前新集镇辖东佃、槐冯庄、吴家坨、郑庄、槐李庄、槐贾庄、北房子、马踏店、南套、小港、崖上一、崖上二、三八家子、大卢庄、小鲁庄、小寨、徐杜庄、东荒草佃、西荒草佃、东沙子、尖角一、尖角二、丁村、高庄、施家坨东、施家坨西、小营、西赵庄、新集、北赵庄、裴各庄一、裴各庄二、西新庄子、大周庄、常陈庄、厚佃、小周庄、王家楼、苟家套、西马庄子、桃园、太平庄 42 个行政村以及新集镇人民政府驻新集村。

马踏店村位于新集镇政府驻地南偏西 4 公里处。东至蛇刘公路，西至滦河大坝，南与北房子村接壤，北与尖角一村相连。在距马踏店村 50 公里范围内，分布有昌黎碣石山、昌黎黄金海岸、昌黎葡萄沟、金沙湾海滨浴场、国际滑沙中心、昌黎渔岛景区等旅游景点；有昌黎葡萄酒、昌黎扇贝、昌黎蜜梨、河北对虾等特产；有昌黎地秧歌、昌黎皮影戏、昌黎评剧、昌黎皮影制作技艺、碣石山传说与故事等民俗文化。

在 1980 年之前，马踏店村共有 8 个生产队，1982 年村生产大队解散，当时我刚刚 5 岁。但 8 个生产队仍旧存在，村里依然以生产队为单位进行管理和组织生产。在各主产队内部，每家每户互相都极为熟悉，而且在农忙、养殖以及孩子上学等各个方面形成相互帮助的合作模式。

从生产 1 队至 8 队，每一队的家户数在 21～25 户之间。这可能与村大队的整体管理以及公平公正有关。因为在那个年代开展耕作农事活动，需要大家共同合作，而且在生产大队解散之前当地还是工分制，大家一起下地，一起回家，所以这种划分应该较好地考虑到了人们的感受和需求。

当年虽然实行计划生育政策，但在马踏店村，大家庭仍占绝大多数。大多数家庭有 2 个以上的孩子，三四个较为常见，甚至有的达到七八个。这种情况并非马踏店村独有，南套村距马踏店村四五公里，那是我姥姥一家所在的村。我的母亲那一辈人，当他们还是家中的孩子时，每家每户孩子多在 5～8 个，比如我的母亲就有 8 个兄弟姐妹。当然，这种多人口的倾向并不是任意发展形成的，因为国家政策始终对农村行使着管理和干预的功能，尤其是计划生育政策。我们这一代人也赶上了这一政策，当然，也有超生的。在我幼年时的家乡，似乎没有发生过人口拐卖的现象。超生的后果并不严重——罚款和罚物，那时大家都没有钱，肯定交不起钱，因此就只能罚物了。农村的人口多，到底是因为什么？似乎这是农村中特定文化的产物，或许与传统的耕作观念、人丁观念有关，或许与宗族、家庭的繁衍观念有关，或许与村里起支配作用的强弱观念有关，也或许与特定的生育和人口观念惯性有关。但在那些特定的时空下，没有人会怀疑对宗族、家庭和后代的一种期待与责任，而对个体的感觉，似乎是微弱的。

马踏店村子虽然不大，但对村里大概的区域位置也有相应的称呼，这些称呼是村里人根据特定的村子构成、家庭人口等特征进行的命名。在我的印象中，一、二队，大概范畴对应小张庄，或者叫张过庄。"过"在当地方言中指的是生活，当询问生活得怎么样时，就会说"过得咋样？"所以，马踏店村里说"张过庄"，实际上指的是张姓的家户生活在一起，一起过日子。有时人们也会顺口叫成"东张庄"，因为从村子中的地理位置来说，两个队位于最东边的方向。这样就很清晰地表述了村子里的空间特征。

三、四队对应是的是小赵庄，也就是后庄。因为后庄所在的位置距离村里唯一的主路——也可以称为公路，路程是最远的，在那个交通主要依靠牛马车的年代里，就显得位置特别靠后，这样就有了"后庄"之称。居住在那里的主要是赵姓的人们，这种称呼法体现了村子里按姓氏划分居住区域的做法。"东张庄"的称呼也有这层意思在里边，所以它应该是把那里聚居在一起的人们按地理位置和姓氏进行的双重定义。刘庄，也是以姓氏命名，也叫过"小刘庄"，大概对应五、六生产队，是刘姓人家的聚居区。

千庄对应的是七、八生产队，但是关于这个名称的来历，我并没有打听到什么，人们说可能是那里有迁过来的人家，但是没有能给出确定的答案。另外还有一个地方叫"大井上"，是原来村生产大队所在地周围。原来那里没几户人家，有一口大家提水用的大井。"上"的意思就可能与人少有关——在马踏店村的文化中，在一个地名后面加个"上"，意思就是这个地方有些偏远。

父辈们说，当时这些名称都叫得准，东张庄里全是姓张的，刘庄里全是姓刘的。但小赵庄有点不一样，因为里面有两户姓张的，姓张的和姓赵的存在血缘关系，而且关系特别好。可能就是这种强纽带关系，张姓人家才能在这个赵姓为主的区域获得认可。不过，后来人们就不叫它"小赵庄"了，村里的大喇叭在广播时也逐渐改叫"后庄"了。

这样的村子格局到底是什么时候形成的，如何形成的，似乎没有谁能够说得清楚。但是，人们相信，这些都是基于大家的意愿，肯定离不开人们的自愿组合，或许这种组合与那种"邻里互助"的内在所指有着密切的联系——大家在一起，不但可以找到安全感，而且能够更好地相互照应。

村里有一个小学，当时只有一年级到四年级。在 20 世纪 80 年代，孩子很多，学校人气也很旺。学校里面的设施在当时算是村子里最好的，虽然桌椅已经非常破旧——记得上面没有油漆，都是原木的，上面布满了孩子们画的、写的各种内容。校园也有围墙，孩子们有时会从墙上翻墙进出——当然，这多是四年级的学生才干的事。

学校的老师都是村里的人，个别有正式教师编制，但大多数是"民办"的，没有编制。我们的校长也是村里的，是张过庄的。我的语文老师也是那边的，她个子不高，微胖，但人很好，我们那时都比较喜欢她。她的一个女儿当时也在我们班上学，学习很好，是我们学习的榜样。

因为学校就建在村子里面，所以我们都是自己上学和放学，或者和附近的同学一起，没有大人接送。读一年级的时候，我性格内向，怕见生人，所以是由妈妈送我到学校的，后来都是和附近几家的孩子一起上下学。在所有人看来，居住在一个区域的孩子，大家一起活动、一起上学，都是再正常不过的事，没有人会怀疑这样会有什么不好，会有什么不安全，而且大家都觉得本就应该这样。1989 年，我从四年级升到五年级，也随之要从马踏店小学到附近的另一个村子上学，这个村子叫槐李庄。槐李庄是一个镇子，所以那里的学校要更大一些，老师也多一些。五、六年级，我们是在槐李庄小学读完的。与之一墙之隔的，就是槐李庄中学，我们在槐李庄中学读完初中。自始至终，我们几个孩子都是一起上学放学，虽然到了槐李庄上学，大家仍然保持着这个传统。

初中读完了之后，我们就各奔东西了，有的回了家，有的被选进了师范学校——一般是考试成绩突出的同学。成绩中等的是大多数，他们中的多数就进入高中学习。当时我考进了昌黎二中，也叫作昌黎汇文中学。我仍清晰地记得我差 2 分考上昌黎县第一中学，那是我们县最好的中学，也是秦皇岛市的重点学校之一，父亲当时尽他所能，托了村里的能人和各种关系，想办法让我进入一中上学，我也跟着他跑来跑去，但最后都没有成功。我仍然记得父亲带着我四处奔走的样子，当时的我对此似乎没有太多感触，但后来却时常想起，内心对父母充满了感激之情，也深深感受到他们对我学习的重视。即使最后我没有进入一中上学，但进入昌黎二中读书也并不算差，因此也成了村里的一件大事。孩子能出去读书，村里人都是推崇的。

在 2000 年前后，马踏店小学关门了，或者说办不下去了，因为上学的孩子太少了，村里的几个孩子都转到槐李庄小学去上学。据说，从那时起，家长就都开始接送孩子了，无论小学的还是中学的——与我们小时那种"放养"情况完全不同。我弟弟的孩子就是由我的父亲早、中、晚各时间段，又送又接，为此，家里特意买了两辆电动车。

小时候，村里的活动不多，但是对包括我们这些孩子在内的所有人来说，那些活动都有十足的吸引力。村子里每个月会放映一次电影，至于从什么时候开始有这种活动，我早已经记不清了。

扭秧歌也是村里的一种活动，但参与的人并不多，感觉和看电影差异很大。秧歌队谁都可以参加，但要化妆，还要穿上花花绿绿的衣服表演。人们一起闲谈时，总是爱说到秧歌队里的"丑角"，比如说"老捌"。但人们都爱看，一听到敲鼓声，有空的人们就跑去看，也是非常热闹的。在我印象中，扭秧歌表演的活动很久才会有一次。据说"大社"那个年代，人们都要下地挣工分，所以没有时间。后来，村子里养殖水貂、狐狸、藏獒这些动物多了，扭秧歌活动就更少了，几近消失。这个道理，村里的成年人都知道。他们告诉我，那些动物需要安静的环境，尤其在配种、怀孕、生仔的时候，扭秧歌时喇叭声太大了，有影响。不过，当养殖的规模和家庭户数大幅度下降后，村里的秧歌活动又稍多了起来。上年纪的人喜欢看，早早地就围上去。即使没有秧歌，老人们也喜欢在村里某个空场子坐在一起，晒着太阳，或者闲聊着什么。

村里的房子都是平房，房顶是村里人的重要活动场所。那里可以放玉米、花生等各种粮食，也可以当作人们拉近感情、讨论事务的最佳场所之一。在土地承包到户后，村里人从"大锅饭"、挣工分的状态走出来，此后，人们就主要从房顶上摆放的东西来判断一家人的生活情况。谁家的房顶玉米圈大，储放的粮食多，代表着这家人的家境要好些。相反，对那些到了秋后房顶上还是光秃秃的人家，大家也会有自己的判断。但在那个年代，仿佛谁家都没有秃着房顶的。

夏季的夜晚降临了。人们忙碌了一天之后，带着疲惫，同时内心也充满着喜悦和悠闲，顺着梯子或者院墙，到自家或邻居家的屋顶上相聚。入夏之后，几乎每天都会有人上房或工作，或休息、聊天，所以无论谁家的房顶上面都很干净，多数人们就直接坐到那里，甚至舒舒服服地躺下，仰望着星河。我喜欢躺在某些年龄大、知识丰富的人身边，听他们讲述关于银河和其他新奇的故事。妈妈讲的关于牛郎织女的故事一直深深印在我的脑子里。

在房顶上觉得没有意思，或者听大人们说话时间长了，大大小小的孩子就会下来跑着玩耍。在那个时代，灯光是稀少的，所以一般大家会以某几个人家的院子为主，那些种了许多葫芦的人家最受大家青睐。在我的记忆里，种菜葫芦的人家大概有八成，不知道为什么，仿佛村里人都喜欢吃菜葫芦。菜葫芦面条和葫芦菜汤，都是我们这些孩子喜欢吃的。鸭葫芦，是村子里的叫法，具体是什么我们也不清楚，不过肯定是葫芦的一种。人们不会去吃这种葫芦，而是让它开花成长。那些长得大的被人们从中间破开，一分为二，把籽和里边的瓢取出，洗干净，晾干，就成了我们用来从水缸中取水的工具，我们把它叫作水瓢。它还有一个用途，对孩子们来说很重要。在鸭葫芦生长的过程中，它的藤蔓会沿着相邻两家的篱笆不断攀爬、蔓延。夏季天气热时，正是鸭葫芦开花正旺时，每到夜晚，有一种当地的大飞蛾就会飞出来，寻着鸭葫芦花的清香去采蜜。孩子们最清楚这一点，他们总是会从篱笆上摘下葫芦花，用方言按大人教的喊着："葫芦锅子葫芦锅子吃花儿嘞，不来小的来大的！"喊过几次之后，大飞蛾就会循声飞来，把长长的吸管伸进花中，用手一捏葫芦花的根部就捉住了飞蛾。孩子们就一起拿着飞蛾跑着去玩了。但大人们会提醒甚至呵斥，让这些一起玩的孩子们声音不能太大，不能玩得太晚。

孩子们在一起玩，大人们放心，也乐于这样。这对村里的成年人也很重要，这种重要性就体现在孩子们一起玩游戏增进了与村子里其他人家，尤其是同一生产队成员的感情和联系，维持了他们在村子里的存在感和作为村子一员的尊严和乐趣。

说起葫芦，在日常生活中并不神秘，不过若从植物学和药学的角度探讨，我们也能从中发现它在马踏店村里存在并受到欢迎的原因。

从植物学角度来说，葫芦茎蔓生，夏季开花，花为白色。果实的形状因品种不同，形状多样，中间细，像连在一起的两个球，嫩时可食，味道鲜美。果实成熟后，表面光滑，果皮也会变成木质，可做盛器或供玩赏。另外，果壳可以入药。从中华文化的象征意蕴来说，葫芦生成时，茎蔓攀援，葫芦蔓绵延不断，形成果实后，挂满葫芦，十分繁茂，这被视为吉祥，尤其是"子孙万代"绵延不断的象征。[1] 从中医学角度来说，葫芦是一种重要的处方药，也称作葫芦壳、陈葫芦和陈壶卢瓢，陈久者视为良。一般秋末或冬初采收加工，打碎除去果瓢及种子，晒干。作为药物，归

① 刘锡诚、王文宝：《中国象征辞典》，天津教育出版社，1991年。

肺、小肠经，用于治疗水肿、腹水、脚肿胀。常配伍猪苓、茯苓、泽泻等利水药同用以增强疗效。①

在食物并不十分充裕的年代，葫芦既是食物也是药，而且由于大量的农田劳作，当时人们普遍受到多种水肿病的威胁，葫芦的消肿功能受到人们的重视。考虑到当时邻里之间的院子都是用植物秸秆隔开的——在我的印象中，除了一些人家用较细的树木枝杈外，大多数人家用的是高粱秆，这种用植物秸秆或小树枝做篱笆的做法实际上对双方不会产生大的隐蔽性，两家做什么都可以看得清清楚楚。所以它们的主要作用应该不会是保护院落和各自的隐私，而且两家之间靠近房檐的地方还要有一个简易的小篱笆门，以方便相互往来。这种小门没有什么锁，只要用手一拉，就通过了。所以，人们使用篱笆的最主要目的不但不是隔离双方，而是更好地融通双方，更好地把院落空间都利用好。葫芦生长在共同的篱笆墙上，无论是谁种的，吃的时候或者成熟后做成瓢，都是不分你我的，而是作为一种相互赠送的传情达意之物。葫芦把孩子们融汇到一起，让他们有乐趣，能玩到一起，这则是另一个重要的方面。葫芦有这样的功能，而且效果非常好。当我回到家乡，儿时的玩伴们有时还会谈起那些用葫芦花捉飞蛾的事。在这样的过程中，大家一起尝试使用工具，一起完成一场游戏，一起享受其中的快乐，这对一个村子中传递代际之间的某些东西是至关重要的。

秸秆篱笆还可以防止自己家里的家禽，比如鸡鸭，跑到邻居家里，不是怕丢了，而是怕伤了邻居院子里种的瓜果蔬菜，或者做出其他伤害人的事。显然，这也是出于邻里关系考虑的，而不是出于自己的私利或者保护隐私。

现代农村中的一切似乎已经脱离了这些传统的特征，让村子里的感觉变了味道。从我上高中在县城住校开始，这种感觉在我心里仿佛一步步在加重。从高中开始，我就基本脱离了家乡村子的日常生活模式，只是在放假回家时才算是又回到她的怀抱。虽然村子里的路变好了，不再是泥泞小路，虽然人们都富裕了，村里商店的商品琳琅满目，但很多东西都变了，

---

① 侯士良：《中药八百种详解》，河南科学技术出版社，1999年。

以前我嘴里喊的那些亲属关系称呼，仿佛多了份距离感，一些人也离开了，高墙阻隔了邻居之间的往来与对话。我的回家旅程仿佛真的成了回一个孤单的家。回到家里，除了父母和弟弟一家人，和其他人基本没有往来，我只能到附近的河边去走走、看看，即使路上遇到一位认识的村里人，也只是说句话。是我在变吗？我总在心里问。但事实表明，村里人之间，仿佛也是这样。我们都有着几乎一样的行为和一样的态度。

有一次，父亲向我提起在农村做新冠核酸检测的事。他说，早上大喇叭一广播，他就骑着电动车带着母亲去排队，身体不好的老年人可以先检测，检测完了就走，也没有什么，还是挺快的。虽然农村也一样便捷了，但这种疏离感，仿佛跟城市里的陌生一样。

村子的变化，没有人可以否定，我们尚不能从学术角度为它的方向、它的未来给出答案，但如果多反思曾经的村子，我想对我们研究家乡人类学应该是会有帮助的。

四、家与养殖之路

太爷爷是什么样子，是怎样的人，我并没有什么印象。只是小时候听爷爷、父亲和村里其他人偶尔提及。我也在爷爷的房子里看过一些太爷爷留下来的东西，用现在的话说，那些东西都是老物件，应该是很珍贵的。但在那个时代，甚至在我开始尝试着去分析事情的时候，那些东西仍被定义为"都不值什么钱，都是老掉牙的东西"。可能也就是在这样的观念影响下，在我上小学、中学的时候，爷爷把这些东西陆陆续续地处理掉了——当然，比那个时候卖"破烂"要好一些，卖了一些钱，家里人也很高兴，因为家里要改善生活，过上好日子，最需要的就是钱。这样，能让我感觉到太爷爷，或者说能够让我建构出他的某些行事或言行的纪念物品，就这样消失了。父亲偶尔还会提及那些东西，可能在他小时候，对那些老物件应该也有很多感触吧。或许是我接触到的人给我的信息塑造了太爷爷的模糊印象，我觉得他是一个踏实肯干，凡事不与人争的人，而且会很多手艺——我甚至总是从原来那些老物件中感受他的手艺。记得有两个专门用来杀猪的工具，一个是长长的有弧度铁棍，父亲说太爷爷就是用那样的工具给人杀猪的，干净利落。但是，太爷爷生活的年代，还是我们所说的旧社会，社会的不同导致人们做的想的肯定是不一样的。

爷爷那一辈人，正值中国的巨变之际。太爷爷的时候，家里算是勉强能够过活，所以爷爷主家时，家里人的身份被划入贫农。村里人真正感受到了通过自己的双手、自己的努力品尝到地里粮食的感觉，或者说那是真正自己种出来的、管理出来的粮食。大家自然都高兴得不得了，爷爷也是如此。这些事件可能影响了他今后的选择。

在父亲眼里，爷爷是一个要求上进的人。还很年轻的时候，他就被推选为大队队长，专门负责队里的事情，他也非常好地做到了这一点，但正因为如此，他对家里的大事小事几乎都不管了，甚至有时候一忙就忘记了回家。那时候村里有一个水貂养殖厂，是集体的，由于水貂是珍贵的皮草动物，所以给村里创造了一定的收益，村里人都认可养水貂的事。为了养好水貂，为了做好村里的事，为了让村子更好，爷爷到处走访，到处学习，这耗去了他很大的精力。功夫不负有心人，虽然在马踏店村没有大名气，但在周边村子有了一定的影响。爷爷也因此受到了村里人的好评。爷爷顾家的时间就大大减少了，很少和家里人，尤其是和三个孩子在一起，或许因为这样的原因，父亲在谈起爷爷的时候，总是有些不同的情感在里面。不过那都是很早以前的事了，而且父亲在这方面其实最懂爷爷，并没有太多抱怨。后来在他的人生历程中也选择了去做和爷爷一样催人奋进的事，只不过他从来没有想过，他的努力和爷爷的奋斗其实是在同一条路上。

虽然爷爷的一生并不算耀眼，但在马踏店村里，他是有一定威望的，这不仅仅是因为他当过大队队长，为了大队，为了全村人付出过心血，也在于他从队长的位置上下来后，仍然没有停下来。听村里的老人说，爷爷先到学校里喂牲口——当时驴、马是主要的交通工具，学校里都要有自己的驴或者马，以保证运输之用。喂了两年牲口，学校刚好缺给老师们做饭的人，爷爷就去给老师们做饭。在学校里，我很多次在老师们的办公室里看到爷爷，当时觉得他很厉害，可以和老师们在一起，而且老师们看起来很尊重爷爷。他最早是在马踏店小学里，给老师们做饭、打扫卫生，也帮助维持学校里的秩序。记得有两次，爷爷把我叫到他的那间小房子里，给了我一些吃的。他的房间很小，最显眼的是他做饭用的小炉子和旁边放着的锅碗瓢盆。记得那时的爷爷已经有些行动缓慢了，但人非常精神，说话总是慢条斯理的。我觉得他给我的东西都特别好吃，应该是给老师们做的饭没有吃完的——当然，平时我无法吃到那些东西，比如米饭、包子。后来他又到槐李庄小学去帮忙，也是主要做饭和做些杂务，大家仍然很尊重他。

按父亲的说法，爷爷对家里的孩子缺少关心。父亲兄妹三个，他是老大，带着弟弟妹妹一起长大。虽然父亲从来没有讲述过他童年时代孩子们一起玩、一起成长的事，但我想他们的童年应该是在艰苦环境下快乐度过的。父亲出生于1952年，这一年是一个闰年，也是中国历史发展中极为重要的一年。在这一年，中国共产党历史性地开展了大规模地反对贪污、反对浪费、反对官僚主义、反对偷税漏税、反对盗骗国家财产、反对偷工减料和反对盗窃经济情报的一系列斗争，取得的重要成果之一就是公审了贪污犯刘青山、张子善，当时大会就是在河北省政府召开的。当时抗美援朝战争也已经过半，虽然当时爷爷并未当兵上前线，但还是有几个村民去了，而且是积极主动报名去的。村子里时常传播着来自前线的战况消息。在这样一种革命和建设热情、家国情怀广泛传播，并且成为主流价值观念的时候，孩子们怎么会不受感染呢？我想，这必然影响了父亲后来的从军之路。

我时常想象父亲童年时的样子。他和他的同龄人享受着新中国的阳光，被赋予了用自己的双手改变命运的机会，他们已经摆脱了先辈人那种担惊受怕的日子，他们的尊严得到了保障。但是，特定历史阶段的历史演变以及难以预料的天灾，让他和他的兄弟姐妹以及村里所有的孩子都经历了一场巨大的人生考验——所幸，他们都挺了过来。当我面对村里那些父母的同辈人时，总会在心里有一种揣测，想着这些我叫着各种称呼的人——在村子里，我们见到所有大人都要先称呼辈分，比如"三爷""二奶""二叔"等等，他们小时候是什么样子，是什么造就了他们现在的样子，造就了和我说话的方式，造就了他们在田地里干活的方式。其中的原因可能有许多，当然，那时的我不可能找到答案。但是，现在我会把他们小时候的那些经历考虑进去。无可避免，童年和青少年的经历都会对人生产生重要的影响。甚至决定了成年时的性格和做事的风格。

父母和他们的同辈人在童年所经历的那些苦难、挫折以及热火朝天的奋斗对他们的精神世界，尤其对他们坚韧性格的形成是有着重要影响的。这一点在父母以及村里人开展家庭养殖的活动中体现了出来。即使现在，他们与疾病做斗争的那种劲儿，也深深烙着那种感觉和印记。我的母亲经历多次病痛和意外打击，但她坚强的意志给了她强大的力量，我可以感受到这种力量之强，感受到这种力量给她的支撑。即使病痛让她无法自主行动，无法让她清晰地表达她的想法，但是她仍旧乐观坚强。每次陪在她的身边，我都觉得自己是那么渺小——她就是用这样的力量感染着所有的家里人。

母亲娘家所在的村子与马踏店村距离不远，但若徒步这四五里路也并不轻松，这也可能是由于我小时候的印象，有一种比较远的感觉，中间要休息好几次。母亲曾经多次谈及我小时候和她去姥姥家的情形，说我总是自己走，或者跑，累了就请求她休息一会儿。到姥姥家去，对我来说是一件幸福的事。因为姥爷是一个特别和蔼的人，他个子很高，很清瘦，不爱说话，从不凶人，对我们这些孩子也只是微笑。即使他不主动搭理我们，也不陪我们玩儿，但是我还是从心底里喜欢接近他。同样，我也喜欢姥姥，不过她却和姥爷的性格极大不同。姥姥个子不高，有点微胖，左胳膊也不太灵活，但她特别能说，也喜欢和人聊天。我总觉得在家里，肯定是姥姥说了算，但这也仅是一种猜测。后来我在外求学，姥爷和姥姥相继离世，我也未能回去送他们一程——如同我的爷爷、奶奶离开一样。在我心底里总是有种表达不出来的感觉，我觉得我本应该陪他们最后一程，这是一种责任，可是终未实现。

南套村是姥姥所在的村子，我不清楚这个名字的含义，但是母亲曾经给我讲过，父亲也曾提过，那个村子是一个"逃"过很多劫难挺过来的村子。马踏店村的西边有一条比较大的河，当然，这是以前的情况，现在这条河已经是一条勉强可以叫作河的水沟了——叫作"滦河"。南套村原本位于滦河的西北岸，但因为洪水而被迫多次搬迁，最终落到了我记忆中的地方，当然现在仍然在那里。所以"南套"可能与"南逃"的谐音有关，因为用"逃"字是不吉利的，对村子和村里的人来说并不是一个好词，没有人会同意用这个字。南套人居住的村子与他们的土地距离太远了，但这并不能阻止他们。所以在周边的人们看来，南套人个个都是极为勤劳的，又吃苦耐劳，是过日子的好手。当然，母亲和她的兄弟姐妹们也都被贴上了这样的标签——事实证明，他们确实都很出色。每天为了下地，南套人总要赶着牛车、马车从马踏店村的路上通过。我小时候常常关注这一点，为什么姥爷和南套的所有人都一样赶着牛车或者马车，而没有驴车呢？后来我发现，每部车都很大，每天傍晚返回时，车上总是满满地装着干活的东西或者玉米秸秆什么的。我又去问姥姥才知道，每次下地，他们在路上要走近 2 个小时，还要渡过滦河。我终于明白了。于是，我跑到了河边去看，那些车和牛马都要上到一个大木船上，一次可以上两辆车，渡过河之后，大船再回来接其他的车和人。这个大木头船是南套村所有人凑钱建的，他们很团结。从地里回来的时候，每辆车上几乎都是满的，所以有时一次只能渡一辆车。看着那艘木船在湍急的河水中上下起浮，看着满载着东西的木头车在船上晃来晃去，特别是无论大人小孩儿都要随着车，还要牵稳牛马，我觉得南套人真的了不起。正是因为路途远，行程艰辛，所以在孩子们当中还流行着一些顺口溜，其中一首说道："下雨啦，冒泡啦，南套小甲儿跑不了！""小甲儿"也是一个村，它与南套有着相似经历，而且两村紧挨着，土地也是位于河的西岸。这个顺口溜说的是，每逢下雨，南套人和小甲儿人都会被淋。这虽然是孩子们编的，被大人们视作玩笑，但其中的某些东西，大家都明白。或许就是这些东西，促成了我父母的姻缘。

父亲是小学文化，但没有达到毕业的水平，四年级没有读完。母亲则是六年级文化。六年级在当时是个什么概念？听村里人说，当时这就是高学历了，至少也是村子里，甚至乡里文化水平比较高的。我在心底甚至对此有些自豪，所以每次听母亲给我讲题或者讲故事，我都听得特别认真，她对我的教育我也牢牢地记在心里。现在想来，我身上的那种坚韧感与母亲对我的影响是密不可分的。

可以说，我和弟弟学习上碰到的一切难题，除了老师之外，就都是由母亲帮助解决的。在我的脑海中，仍清晰地印刻着她给我讲解的情景。上小学的时候，放学后我的第一件事是帮助父母完成一些工作，比如割草、收鸭子、牵羊回家，再给它们弄些饲料，饮些水什么的。然后，就赶紧随便吃些东西。此时夜幕已经降临，母亲点上油灯或蜡烛，我就开始写作业或者复习功课。

开始的时候，我们还在使用油灯，或者是煤油灯。我仍记得它大概的样子，上面有一个铁丝做的提手，可以挂起来，下面有一个玻璃灯罩，再下面有一个黑漆漆的托底，可以平稳地放到地上。样子有点像鸭葫芦，总体上并不难看，我记得仅用过一两次，后面就不用了。后来蜡烛逐渐多了。我常记得每过几天母亲就让我去买一次蜡烛。那时蜡烛被人们称为"洋蜡"，火柴叫作"洋火"。很长时间，我都没有想过，为什么叫做"洋"，后来才知道，那些东西以前是靠国外供给的，是"洋人"造的。

点着蜡烛的感觉十分温馨，母亲陪着我写作业、看书的感觉尤其好。

每学一会儿，我就要用手指弹一下灯芯，有时还会直接用两根手指去捏一下灯芯，因为燃烧过程中蜡烛的灯芯会变长，变长后火苗就会变大或者不能正常燃烧，蜡油不停往下流，烛火也会猛烈地跳动起来。母亲发现后就制止了我，她说最好不要用手，用剪刀剪掉效果会更好，她就拿着做衣服用的大剪刀从火苗的中间一下就剪掉了一半左右的灯芯，这样火苗就正常了，又回归于温馨安静的氛围。就这样再学习一会儿，又开始了处理灯芯的过程。虽然有种温馨感，但一支蜡烛的光线太暗了，母亲也试过同时点两支，但那太昂贵了。在微弱的光线下，学的时间长一些，眼睛就会不舒服，而且房间里蜡烛燃烧的味道也会越来越浓，所以，母亲每次都会控制我们在蜡烛下学习的时间。或许正是因为当时母亲对我们眼睛的保护，让我和弟弟躲过了戴眼镜的命运。

而父亲总有他的事，但我没有想过要抱怨，因为我觉得他和所有的父亲一样都是这样的，他们总有更重要的事要做。如果母亲能点着蜡烛给我们讲一个故事，那就更好了。在我的脑海中，仍然保留着我和弟弟一起听母亲讲"小铁人"故事的情景，母亲在灯下的样子永远刻在了我的脑海中。直到现在，我仿佛还能体会到当时在蜡烛灯火下翻动书本学习的感觉，感受母亲在一旁注视我的感觉。母亲辅导我和弟弟的作业，几乎都是在蜡烛灯光中完成的，到后来年级高一些了，母亲不再辅导了，我们也就没有了这样的机会。到那个时候，村子里的电也已经供应得比较好了，即使总是时不时停电，但总比依靠蜡烛要好。

父亲总是说，你的母亲偏心眼，谁说你们不好都不行。这句话，直到现在他仍时不时重复着。可是，我们已经是过了不惑之年的人了，不再是孩子，但在父母亲眼里，我们仍是孩子一般。父亲还总是提起，我小时候体弱多病，特别容易发烧，有一段时间一到晚上就烧，烧起来就退不下去。20世纪七八十年代的农村医疗条件可想而知，村里只有两位村医，大病就要去乡里治，那里有一个卫生所，能打针。但是，看医生要花钱。父亲说，当时没有办法，母亲就整晚抱着我在怀里晃着，哼着我爱听的曲子。40多年后，母亲的腰已经弯得如一把镰刀，走路要依靠拐杖，挪动着脚步，走走歇歇。我摸着她的一双长满老茧的手——那双曾经把我们抱在怀里，从不因为疲倦而休息的一双手，我的泪水不由夺眶而出。即使这样，她依旧不会停歇，每年都会养几只鸭子、几只鹅。父亲就用手机拍些鸭子和鹅的视频、照片，发给我和弟弟一家，让我们看看。他们乐在其中，我们也能感受到他们在这种小小的养殖活动中的温馨。

父亲是 1952 年 10 月出生，母亲与他同岁，不过要大几个月。他们度过了童年和少年时期，就面临着人生最重要的抉择——需要用他们自己的双手建立并支撑起一个新的家庭。我也问过他们结婚的日子，但父亲记不清了，母亲由于疾病的影响更是无法说出。虽然具体日期不清楚，但是根据父亲退伍的时间来算，应该是 1975 年之前。他们也从爷爷家里分家出去，在我大姑奶家的小简易房里住着。在 1976 年大地震之前，他们已经有了一个孩子，也就是我的哥哥——只是没有挺过那场地震，在那场天灾中，母亲也受了重伤。提到这件事时，父亲总是有些感慨，母亲则仿佛别有回味。我感觉到他们似乎是对那时艰难苦涩经历的一种回味，也是对大姑奶的一种感激，同时散发出一种淡淡的释然感。或许正因为如此，父亲总是提起大姑奶，总是感激他的那个小脚大姑。

不过，在父亲成家之前，有一段人生经历对他产生了至关重要的影响，甚至是决定性的影响，那就是当兵的经历。父亲于 1969 年 12 月入伍。他从自己珍藏起来的一堆东西物件中拿出了入伍证，上面的字迹依然清晰，钢笔字迹显示父亲当时的地址是：河北省昌黎县槐李庄公社，马踏店大队。关于这个地址，这个地址的历史，以及这样的称呼，仿佛都是模糊的，因为村子里已经没有人能够说上当时的具体情况——那个时代的成年人绝大多数都已经不在了。但从历史文献和现代传播媒介中，我们可以感觉到当时大公社、大生产的一些氛围，甚至能形成一些假想，但这和历史的真实之间总会存在着距离。在当时，马踏店村是一个 2000 人左右规模的村子，只是作为一个公社的生产队，人们被汇入一个规模很大的家庭之中，对每个人、每个家庭来说那会是一种什么感觉，人们又处于怎样的状态之中呢？关于这一点，我们是无法从文献和传播媒介所呈现的东西中获得答案的，更难有深刻的体会。

在父亲入伍时，可能是怕年龄不够吧，入伍证上写的出生时间是 1952年 8 月，向前写了 2 个月，这样他被接收的可能性就会更大。当父亲被录取后，从镇上领回了发放的服装，父亲高兴地自己背着一路小跑着回到了家里。大家都围过来看，有人喊："还有衬裤！"父亲说，那个时候，大家都是只穿一条裤子，冬天只是一条大棉裤，裤裆开了也要穿，要不就没有穿的，哪有什么衬裤啊！大家一时都羡慕起父亲，这让他从内心里有一种自豪感。

很幸运，父亲进入了当时中国人民解放军 1806 部队。在部队期间，父亲认真训练，做事小心谨慎，没有出过任何事故，而且还受过 5 次连嘉奖，算是表现相当好了。据父亲说，当时部队给他机会，跟随领导做警卫员，但是他没有知识，文化水平太低，很多事情不会做，面对材料时不会处理，更不要说写材料了。当时他下决心，先从写字开始，每天坚持练习写字，后来终于把字写得漂亮了，连里的同志也都说好，可是，知识不是短时间就可以补强的。后来，他的警卫员工作也没能再干下去。不过，由于这段经历，父亲的字有了改变，回到村里后，大家也公认他写得一手好字。这一点，后来也影响到了我，启蒙了我的书法之路。

在部队期间，父亲入了党，准确的时间是 1974 年 11 月，这应该是父亲在军队生活中最大的事了。随后，父亲于 1975 年 3 月 3 日，正式从部队退役，返回了他的家乡马踏店村。在退伍证上清晰地写着当时父亲家里的人口情况："祖父、父亲、母亲、弟、妹、爱人共 7 人"。那个重要的小本子上的第一页第一行大字写着："退伍军人证明书"，第一句话就是："（75）京退字第 15084 号，赵中元同志系河北省昌黎县人，于 1970 年 1 月应征入伍，履行了光荣的兵役义务，现准予退出现役。"下面盖着鲜红的"中华人民共和国国防部"的印章。父亲把退伍证书一直保存着，总时不时拿出来端详一下。我知道，他总是怀念着那段时光，那里曾经有过他的梦想和光荣，有他对人生不一样的体验。

父亲在部队的时候表现是不错的，可是为什么没能继续部队生活呢？关于这件事，父亲总是提及。这也在我的心里种下了一颗种子，让我意识到了知识的重要性，让我有了一种知识可以改变命运的意识。同时也激发了我把汉字写好看的最初愿望。不过，当我在 9 岁左右把字写得比较好看的时候，父亲却说写得已经比他的好了。家里几把凳子的背面还保留着我当时的字迹，有时父亲把凳子倒放着看，嘴里说，当时写成这样已经不容易了。当时我练习的是颜真卿的《多宝塔碑》，在父亲看来，这种有规矩的有学问的书法，是正路子，肯定是好的。慢慢地，我开始觉得虽然父亲有时脾气暴躁，但是他总是愿意承认别人的优点，也承认自己的不足，而且愿意去努力克服。这一点也影响了我的成长。

从部队回到家里，父亲开始琢磨如何把日子过好。在那个年代，几乎村里的所有人都面临着一个自我抉择的过程，当然，这个过程也是在历史中被淘洗出来的——许多决定和事情都要靠自己去尝试、去努力，甚至去冒险闯一下。快到复员的时间了，父亲就利用回家探亲的机会了解、考察，为回家后过上好日子而努力。父亲时常提起，要去当兵了，可是他身上连一分钱都没有，爷爷也不能给他提供什么，而他又太年轻，去向别人借钱又张不开嘴，更何况，那时村里人没有几家有钱可以外借的。没有办法，他咬着牙忍痛卖掉了自己心爱的小狗。当他手里紧紧握着那 5 块钱时，心里的滋味可想而知。父亲每说到此处，就会有些哽咽，或许只有他自己才能够真正体会到当时内心的感受。可能也是这种力量，激励着他在部队积极表现。

从部队复员回来后，父母寄宿在大姑奶家的小偏房里，生活似乎要有些起色，但是，很快到来的 1976 年唐山大地震又马上毁掉了刚刚冒头的希望——他们失去了第一个孩子，母亲也受了重伤。那时的家，真的除了他们两个人，什么都没有。日子总要继续，他们渴望着，并且坚信总会有些改变。随后，我来到了这个世界上。我生在大地震之后，生在一个不是房子的"房子"里——地震后临时搭起的简易房。父亲说，那根本算不上什么房子，就是在地面上挖个坑，上面盖上点东西，甚至连部队上的帐篷都不如，他用我们当地话形容成"狗张哇"，就是狗打哈欠时，把嘴开张，嘴里的任何东西都能看得清清楚楚。父亲似有些苦笑地说，母亲生我的时候，已经是快到中午了，不远处的房顶上还有人在干活。那时候太艰苦了，我来到这个世界上并不容易，对母亲来说更不容易。

人类自身的生殖繁衍是人类社会最重要的现象之一，人类关于生育的仪式伴随着人类社会的进程，不但悠久而且颇有许多重要的意义。但那时候，村里人似乎没有什么坐月子的说法，或者说取消了这种仪式。当然，原因是苦涩的——现实生活没有给他们提供那样的机会和可能。每每谈到这些，父亲总是提到姥姥家。那个时候姥姥家的日子也是过得非常紧绷，姥姥、姥爷用勤劳的双手和顽强的毅力支撑起了 10 口人的家庭，把 8 个孩子抚养成人，并帮助他们一个个地成了家。随着年龄的增长，老两口的劳动能力已经大不如前了，所以他们就养了一些鸡。十几只鸡下的蛋可以给他们提供一些生活的支撑，但母亲有了我之后的很长一段时间，姥姥和姥爷就再也没有卖过鸡蛋。姥爷每过一段时间就把攒起来的鸡蛋给母亲送来。他每出来一次，都要耗费很长的时间，因为他一般不会专门因为出去做事而使用家里的马。那匹马就如同他的命根子一样，只有下地的时候，他才精心准备，让他的马出一分力。当然，除此之外，他也别无选择，马是他与遥远土地之间唯一的桥梁。姥爷徒步来看他的女儿，用一个布袋子装着鸡蛋，或用一个他亲手编织的柳条篮子装着。或许是因为长年的艰苦劳作，腿脚不太灵活，他走得很慢，来了之后把鸡蛋一放，坐一会儿，有时甚至说不上几句话，便起身返回。这样持续了许多年，家里因为养殖业改善了生活，姥爷再来的时候，或者下地路过来家里坐一会儿、休息一下的时候，我们才能够给他和姥姥带着东西，有黄瓜、茄子，有时还会带些米、面。当然，那个时候，姥爷还保持着给我们带东西的习惯——无论带什么，都不是空着手的。每次见到他来，我都要先跑过去帮他把肩膀上扛着的东西卸下来。

当时的鸡蛋绝对没有我们现在所说的饲料添加剂，也没有什么转基因，姥爷送给我们的那些鸡蛋，父母决定到集上卖掉。母亲说，吃什么都行，树叶都吃过，没什么。换点钱，盖房子用。话虽这样说，但唐山大地震给她的伤害还没有痊愈，她还要起来干活，还要养育我，连一个鸡蛋都吃不上，这对她显然是不公平的，对她的身体也是巨大的考验。即使母亲以顽强的毅力挺了过来，但她现在的身体状况必然与地震伤害和养育我们的艰辛有关。他们盘算着，总是住在那个"狗张哇"肯定不行，什么也做不了，要先把房子盖起来，然后才能做些别的事，才有地方养点东西。

钱从哪里来？卖几个鸡蛋绝对无法满足盖房的需要。父亲想到了一个在东北的亲戚。这个亲戚是太爷爷的侄子，爷爷的堂兄弟，在我们村子里，一般叫做叔伯兄弟。这种关系也算一种比较亲密的血缘关系了，因为它强调的是"同祖"。父亲听爷爷说，他的这个叔在东北日子过得挺好的。辛亥革命之后，东北的民族资本快速崛起，这大大促进了东北工业的进程，同时，东北具有丰富的资源，可以直接供给工业发展，而人口的快速增加和外来人口的迁入也为东北开发提供了支撑和动力。在 20 世纪七八十年代，工业基地和国家粮仓的地位仍然让东北散发着魅力，是一些有梦想的人逐梦的地方。父母下了决心，由母亲一个人照顾我，操持家里一切，父亲到东北投奔这个叔叔，决心在那里挣到盖房的钱。

关于去东北的具体时间，父亲已经说不清了。但他说，我当时刚刚会走路，还不稳，经常摔跤，当然还不会说话，更不会表达、不会思考，不知道世事。父亲说，我学走路很慢，别人家的孩子 1 岁多点就会走了，可我那时只会用屁股在地上蹭，但是蹭的速度并不慢。说这话的时候，他还有种自豪的感觉。按这样推测，我应该在 1979—1980 年学会了走路。也正是这个时间段，父亲去了东北打拼。

而事实是，即使愿意付出努力和汗水，但并不一定能挣到钱。父亲当时做一种苦力工作，要把一种片状的货物从货站用小推车运到火车站，每运一片得 2 分钱。拉的距离约有 1 里地，但一路全是上坡路，三个人合力拉一车，每次最多能拉十几片。父亲说，一天最多的时候可以赚 4 元钱。但是，这 4 元钱还要支撑他吃饭，所以只能省着吃，能不吃就不吃。父亲首先要挣够一些钱，因为路费钱是爷爷从村里跟别人借的，父亲要急着把借的钱还给人家。开了工资之后，父亲直接把钱寄给了爷爷，让他还了借人家的钱。如果让人知道发工资而不还钱，这对人格是一种侮辱，父亲绝对不会做这样的事。在村子里，如果赖账不还，那是一件极丢人的事。

父亲说，刚去的第一个月，十分想家。似乎在部队的历练并没有改变对家的感觉，更主要的是，那时家里多了我的存在。我大致可以感觉到父亲当时作为人父却与孩子两地分离的感受。他忍不住，还是回了一趟家，看望我们。在他的描述中，我当时正自己拿着一个小"火铲子"——村里的一种用来处理炉灰的简易铁制工具，而当时家里的干活工具就是孩子们的玩具。这样，父亲在东北干活的时间并不长，他没有看到希望，通过在东北打工挣钱致富的愿望也破灭了。

在父亲返回的时候，还有十多天的工钱没有结算。他的东北叔叔给他拿了 100 元钱，父亲明白，这些钱里既包含了他的 40 多元工资，也有叔叔给自己的支持。还有 5 块钱，是他让父亲转交他的叔叔的——也就是我的太爷爷。偶尔，父亲还是感慨那 5 元钱，无论多少，它似乎代表着那个特定时代的辛酸苦辣和人情世故。

父亲靠体力在外打工没有出路，但父母还是在亲戚的帮助和支持下，盖上了自己的房子——直到现在，那间房子依然在那里。在我记事和明白一些事的时候，父母就常给我讲，盖房子的那些木头是谁给我们帮助的，因为那个时候买木头是盖房子中比较费钱的。我仍清晰地记得，两个大檩是由姥姥家给的，它弯曲得像一条龙，但是很粗，看起来很结实，支撑着整个房顶。父亲说，盖房子只花了 100 多元钱。我们终于住进了新房子——它紧挨着大姑奶新盖起来的房子。

这下，父亲可以进一步谋划家里的事业了。选来选去，他决定在养殖业上做文章。还在部队的时候，有一次回家探亲，他还特意去了村里的貂场参观，当时爷爷也全力发展大队里的养貂业。在那个年代，世界皮草消费需求是旺盛的，虽然村子里还相对闭塞，但大家知道，有钱人是喜欢穿貂皮大衣的，那在当时是一种时尚，貂皮大皮是地位和身份的标签。于是父亲对那个长得像大老鼠的小动物有了深刻的印象，当他听到一张好貂皮可以卖到上百元时，心里就产生了某种冲动。

当时村里有两个养水貂的能手，在他们的帮忙指导下，父亲就走上了水貂养殖之路。他也从此改变了自己的人生之路，那一年，是 1982 年。

五、水貂养殖

水貂买回来后，父亲既高兴又紧张。那时院子里还没有什么貂棚之类的基本设施，父亲就先把一组貂的貂笼放在前门口，这样既方便管理照顾，又离屋子近，心里觉得安全踏实些。

家里养任何动物，都需要技术，哪怕是猪、鸡、鸭子、羊这些常见的动物，更何况是第一次养殖价格不菲的水貂。父亲通过前面的经历已经有了一些积累，但是去哪里学呢？还是边学边干？依父亲的脾气，肯定是后者——不过，这也不是绝对的，因为后来养殖狐狸，他就走了一条与养殖水貂不同的路。那时，村里人做什么，也都是在摸着石头过河，谁做好了，就带带大家，分享一些经验，一些人也就去主动取经，跟着学、跟着做。这在当时就是所谓的"先富帮后富"。

不过，因为水貂养殖在 20 世纪五六十年代就在昌黎地区出现了，所以县里的农牧部门也有懂技术的技术员。父亲说，他开始养殖时，县里还举行了培训班，由县里畜牧局负责，主要负责水貂培训的技术员姓林，大家叫他"林技术员"。林技术员是一个比较负责任的人，每过一段时间，他就会下乡，到不同的村子去走访指导。父亲也曾向他问过问题，后来在父亲养殖狐狸的时候出了名，林技术员自己家里也养了几只狐狸，还向父亲请教问题呢。

虽然学到了一些水貂养殖知识，对一些常见的小问题也能应付自如，但是对那些比较难处理的问题，父亲还是觉得要多请教别人。

父亲有一个习惯，从养貂到养狐狸再到养藏獒，他都是这样，总是要在动物们吃完食之后，来来回回地观察一阵子。这一点并没有人教他，只是他出于内心的学习热情和对这些动物的上心促使他这样做的。而这种做法帮助他救了许多动物的命，让他及时发现问题并及时进行治疗。貂得了自咬病，也是父亲经过观察才发现的。他一直专注于如何预防自咬症，即使他一直没有攻克这个难题，但是他确实降低了水貂和狐狸自咬症的发病率。关于这一点，他觉得自己是做得不错的，但是并没有真正成功。

配种是养殖水貂中最关键的环节，因为如果从数量上不能增加，那么养殖也就失去了意义，无法致富。第一年的配种工作更为重要，如果配种失利了，也就意味着一年的忙碌都失去了盼头。父母摸索着，认真消化吸收从林技术员那里学来的配种知识，除了下地，其余的时间都用在了研究水貂上，他们总结了摸索出的经验，但最终还是有一只没有完成配种，他们觉得必须要再去求人了。

在密密麻麻的繁星之下，场长家门外已经聚集了一批人，他们都用小"串笼"提着水貂等待着，父亲也不例外。父亲说，人家肯定是要先给自己家中的母貂配种，如果还有可以用的种貂就给在外面排队的人配。当然，在外面的人不会因为谁先谁后而争吵，就是按顺序，谁在前谁就先占有机会。并没有谁去做这样的规定，场长本人和他的家人也没有说过任何话，见有人排队了，就安排给大家完成，虽然并不是每个人都有那么好的机会，因为水貂配种的选择性是很大的。父亲通过学习和自己的总结已经掌握了这条规律，所以他只是抱着试试看的态度，即使有一丝希望，他也不会放过，哪怕是付出再大的代价，可能当时所有养殖水貂的人都有这样的想法，这种代价有时让人觉得有些荒诞。父亲曾讲过一个故事。一个排在父亲前面的同村人轮到了机会，他把自己的母貂放到场长家公貂的笼里，但母貂一下死死地咬住了他的手，他并没有缩手，也没有想办法让那只貂松口，而是咬牙坚持，因为母貂咬着他的时候是比较安静的，这样有利于配种成功。

即使已经非常努力了，但第一年仍没有取得成功，父亲甚至认为那一年是彻底的失败。当他说"彻底的失败"几个字的时候，我能够感觉到他对当时自己的失望，他把声音压低，那种嗓音似乎传递出有些不情愿的感觉。谁会愿意再次回味自己那些失败和痛苦呢？我把话题引向那里，或许不恰当。但当我们放下个人的视角去回望和思考农村的历史，那些在失败和挫折中成长起来的农民才是英雄。幸运的是，父母赔的钱并不多，家里的那4头猪救了他们，不但堵上了窟窿，也还了一部分贷款。

他们分析了失败的原因。在我看来，他们第一年的失败其实很难避免，这并不是我的悲观看法，而是从他们的描述中得出的一个观点。父母努力、勤奋，并且想通过学习成为养貂专家，但是那时他们还欠缺很多成功的条件。毛皮动物养殖，要想获得成功，就必须实现数量上的增殖，也就是要有好的产仔效果——当时养貂获利的形式主要有两类，一是直接出售小貂，二是出售水貂皮张。无法实现高效产仔，就意味着养殖失败。配种是最重要的一个环节，父亲做得并不错，但是他只是摸索着做的，即使获得了外部的帮助，他的心里也没底。而且在配种之前，还要对雌貂发情情况进行识别，据此在恰当的时间完成配种——如果过早，雌貂是不会配合的，甚至会咬伤雄貂，即使配种成功，怀孕的概率也是极低的；过晚配种，也会大大降低受孕率。在饲养上父母没有经验，食物的配比上也是如此，虽然他们总结出一些方法，但也付出了代价。另一个更重要的原因是，他们仅仅养了一组，只有 4 只母貂和 1 只种公貂，其中一只又得了自咬症，想在完全没有经验的情况下用这样的种貂数量获得成功，听起来有些天方夜谭。

我查阅了相关的水貂养殖书籍，水貂的繁殖力是水貂经济性状的核心指标之一，它以仔貂群平均成活为主要指标，而仔貂平均成活又受到母貂的受配率、产仔率、胎产仔数、死胎数、仔貂成活率和群平均每只母貂育成幼貂数，以及公貂的配种次数等指标的影响。由于影响因素多，所以水貂的胎产仔数的变动性很大，每胎产仔数量一般在 1－18 只，以 5－8 只最为常见，水貂和其他多胎动物的胎产仔数一样，遗传力是比较低的。[1]这样来看，除非有那种超常发挥的种母貂，否则，面对这样的规律性，父亲当年是极难成功的。

损失了种貂，胎产数量不多，而且中途还有仔貂夭折——父亲最后只收获了十多只仔貂。即使这样的失败，父亲还是和水貂建立起了某种联系，父亲的心思几乎全部放在了它们身上。

充实而艰难地度过了第一年，父母继续着他们的养殖事业，他们并没有因为失利而放弃——这是他们可贵的地方。只要他们认准的事，他们认为有前景，即使面对再大的挫折，他们也会坚持。

---

[1]　马永兴、朱文进、刘乃强：《水貂养殖与疾病防治技术》，中国农业大学出版社，2010 年。

　　第二年，父亲汲取了第一年的教训，他和母亲商量，从集市上买了几十只鸭子。开始时，村里有人认为他不想养貂了，要养鸭子。无论别人怎么说，父亲的想法是坚定的。那些鸭子是为了支撑他养殖水貂的，这就如同第一年，他养猪也是为了养水貂。其实，当他说到养鸭子的时候，我就明白了他要利用鸭蛋的营养。果真如此。父亲的观点是，自咬症无法根治，而且得上之后死亡率也很高，还会损伤皮子，更无法有效产仔，所以必须做好预防。虽然他并不清楚鸭蛋是否有助于预防自咬症，但有一点他是肯定的，那就是鸭蛋有营养，只要营养上去了，自咬症一定可以得到预防。我并不明白他这话的内在道理，但当他给我举了一个小例子的时候，我一下就明白了。他说，人没有营养，就会生病，因为没有好的抵抗力，打不过病毒细菌啥的，但是一个营养好、身体壮的人就不容易生病，因为他的身体防御性好，病毒细菌拿他没办法。所以无论自咬的原因是什么，肯定与貂自己的免疫力、抵抗力差有关。

　　后来，父亲的观点也在书中得到了印证。那本书可能是父亲看到的第一本水貂养殖的专业技术书籍，但父亲并不确定，因为他后来买了很多书，总是希望从其中能够找到解决困难的途径。但是后来慢慢就忘记了书的样子，也没能保存下来。在那本书上写着：

　　　　自咬病于每年2—5月，10—11月份发生率较高，这时正值水貂配种、母貂妊娠、产仔哺乳和换毛期，水貂代谢水平较高。可通过改善饲养管理条件，尽量做到饲料多样、新鲜、营养全价，并保持笼舍清洁、干燥、翻桶通风良好来预防。[①]

　　用人类当参照物，这段话的意思更好理解。父亲说，这两个时间段就是春季和秋季，这个时候人最容易生病，受外部气温、病毒的影响大，所以这个时候人要注意饮食、补充好营养——水貂和人是一样的。

　　在我的印象里，养鸭子的那一年，我和弟弟几乎没有吃过几个鸭蛋，但是母亲会偶尔给我们用碗蒸鸭蛋羹吃，那种好吃的感觉至今让我回味。

---

　　① 耿孝媛、李宝山：《水貂养殖法》，农业出版社，1982年。

不过，还有其他东西也能激发起我的回忆。当时父亲并没有满足于只用鸭蛋保证貂的营养，他听说尖角村有人专门在家里卖猪血、羊血，他就联系了人家，每天下午喂完貂，就去买血。他从我们家里出发，越过大渠，从庄稼地里穿过，大概20分钟就可以到达，往返则要一个小时，有时到家都已经接近9点钟。那个时候的农村，晚上9点就是睡觉的时间，看不到几处灯光，冬天的时候更是如此。后面几年，父亲还从尖角村买过牛奶，也买过羊头，都是靠双肩挑。也正是从那时起，他的身体出现了很大的损耗。后来，我和弟弟也跟着去背，在我的印象中，我们一起去尖角村背牛奶的情况是比较多的。一段时间之后，我的肩膀上都磨出了水泡。

那一年，在父母的努力下，没有出现发病的水貂，而且产仔率也不错。那是成功的一年。父亲留了更多的仔貂，他要扩大规模，其他的仔貂基本卖到了村子里，也有外村的慕名而来买。那一年，父亲也没再付出多少饲养成本，节省了从仔貂到打皮季节的饲养费用，当然，也避免了中途发生疾病带来的损失。

扩大养殖规模，首先要解决水貂的"住处"问题，这样才能保证水貂养殖的一些基本条件，并进行有效管理。最主要的是为种母貂提供产仔和初期哺育的基本条件。这涉及两个关键的事：一是要制作更多的貂笼，二是要搭建貂棚。貂笼是水貂生活、产仔的地方，而貂棚则是为貂笼遮阳挡雨的。要完成这两项工作，只靠父母是不现实的。除了人手足够，还要保证有足够的材料可用。村子西面的河流、水沟很多，丰富的水资源保证了水稻生长所需，稻田遍地，一到秋季金灿灿一片。但家里人口少，我和弟弟还没有分到土地，只凭父母和爷爷家里的那些地还不能保证对稻草的需求，村里养貂都是用水稻的秸秆给水貂絮窝，到产仔的时候需求量更大，因为要经常更换，以免母貂和幼貂生病。父亲说，有一些貂特别气人，就在絮好的窝里又拉又尿，这样就要频繁更换稻草。大姑奶就把她家的稻草给我们用，周围谁家多，也可以去拿几捆。当然，这是一种礼尚往来，后面还得用家里的蔬菜什么的把这种人情给还回去。

稻草的问题解决了，还有更重要的那就是搭建貂棚要使用的各种木料，其实也谈不上什么木料，但凡有一点点用处的都会被用上。大姑奶家门口堆放着一些木头，有粗的、细的，短的、长的，有直些的、也有弯些的。那里也曾是我们这些孩子的乐园，在上面跳来跳去，或者利用它们的形状做着许多孩子们特有的游戏。这些木头还不够，又从其他人家找了些，凑够得差不多了。当然，这些木头到底是借还是买，大家似乎谁也说不清，如果说是借，那么如何还呢，况且多年之后，它们大多已经无法再使用了；如果说是买，父亲也没有给钱；如果说是无偿支持父母的养殖事业，那么父母又不会接受。这种难定义的情况大多出现在熟人社会中，因为大家过于熟悉了，所以很多事情都是在一种相互关系中自然而然生成的。

但是，父亲说："用人家的东西，肯定要给人家'过'过去呀！"这里的"过"，指的是人情上的问题，要给人家把这个人情给还上，也就是人家帮我们了，我们要知道，而且要有表示。这应该可以算做对"礼尚往来"的一种理解吧。

最后还缺一点细木头。父亲和叔叔商量了一下，决定不再去别人家里找了，因为那些木头完全可以自己解决。于是，在一个有月光的晚上他们一起出发了，在不远处的树林里用手锯拉断一些大点的树枝，他们锯的不是树，如果去锯树，在当时也是犯法的，父亲当然知道这一点。锯一些树枝是没有问题的，大不了村里看树的人会唠叨唠叨，不会出什么问题。当然，父亲和叔叔非常清楚看树的人是谁，他们也不想与他产生矛盾，也不想给他的"看树工作"带来麻烦。

用较粗的木头做支撑和骨架形成了貂棚的整体结构，用细木头作貂棚的椽子，顶部的样子就如同瓦房一样，只不过把瓦换成了稻草。这里所说的稻草就是水稻的秸秆，用细呢绒绳子把它们捆扎在一起，形成稻草帘子，分为上下两层，在中间夹上塑料，这样既可以防水又可以避免太阳光损害塑料。

我们的房子是坐北朝南的，院子也是南北走向的。虽然后院很小，但前院比较大。当时村里的宅基地大多是这种模式的，这样的院子里就一来可以种些东西或放置杂物，二来可以为养殖家畜、家禽提供场所。貂棚则是东西走向的，这样可以南北各一行摆放貂笼，在两排貂笼中间留出过道供人通过。

第一个貂棚就这样完工了。

后来，家里养殖的水貂数量增加，又建起了一个貂棚。这样，院子里看起来就特别紧凑了，我们在两个貂棚里来回穿梭，那种感觉很充实，也很特别。在我的印象中，这些貂棚一直保存到水貂下马的那一年，大约是1988年。我常想，如果当时有现在一样的手机，那么我肯定会保存大量貂棚以及我们在貂棚中喂貂、抓貂、配种以及护理仔貂的各种各样的情形的照片。父亲说，当时家里曾经有一张黑白照片，是他一直保留着，但是后来不知道放到哪里了。我看过这张照片，拍的是我和弟弟在第一个建好的貂棚前面撒玉米喂鸡的画面。我们每人用自己的一只手拿着一个瓢，里面盛的是玉米，另一只手从瓢里抓着玉米撒向前面，面前则是一大群家里养的鸡。在貂棚前面的我们，面朝南并排站着，脸上洋溢着孩子特有的笑容，特别是我笑得嘴巴特别大。那些鸡有公鸡有母鸡，看上去很大、特别精神，画面里充满了一种生机勃勃的感觉。关于拍摄这张照片时的一些情况，我仍有记忆：当时我们正在和一些小伙伴在大姑奶家门口玩着什么，听到母亲喊我和弟弟，我们便跑过去，按着大人的指示在那里喂起了鸡。其实我们当时并不在乎照相的事，也不知道什么是照相，我们更在乎的是，喂鸡很有意思，而且喂完了之后，我们又可以去一起玩了。

如果没有马踏店这个村子、没有村里的人、没有人们之间的这种关系和往来，特别是三、四队人们的帮忙，父母养水貂并能逐步走向成功是无法实现的。大姑奶和叔叔的帮助是格外重要的。叔叔姓张，大姑奶带着他如何落户在后庄，已经没有人能够说得清了，不过在他们看来，这些都是缘分。叔叔算是一个手艺人。他原来在公社的农技站上班，在那里主要负责管理公社的拖拉机、链轨车（具体是什么，大家也说不上了）等各种机械设备，这是一个技术工种，在那个时候，一个人一般要会好几个工种，是一种一人多用的模式。所以叔叔在农用机械方面算是一个从实践中成长起来的农民专家。当然，公社的农技站也有专门的司机、技术员这些岗位，全部由村里的人担任。由于叔叔吃的是公家饭，又有手艺，所以当时大姑奶虽然自己拉扯两个孩子，但叔叔的本领让家里过得还算可以，至少比村里多数人家过得要好一些。

后来公社里又有了种子站、地毯厂，据说种子站里有两个人上班，父亲还能叫出他们的名字，但是地毯厂里的具体情况已经没有人能说得清楚了。但可以肯定的是，所有在那里上班的人都是公社里的村民。直到1980年左右，随着大社的解散，它们也随之消失了，用马踏店村里的方言说，就是"黄了"。父亲开始养貂的时候，农技站已经解散了，叔叔也专注于他的土地，家里养了两头猪。直到后来父亲开始养殖狐狸，送给他2只后，他才步入了以动物养殖为主的生计模式之中。在农闲时，他给过我们很多帮助。

父亲说，大姑奶是一个可怜的人，丈夫死得早，一个人拉扯大两个孩子，而且做什么都认真，村里人没有谁说她不好，真是一个好人。叔叔是大姑奶的二儿子，他的大儿子——也就是我叫大伯的人，成家早，分出去住了，家就在我们的前一趟街，也就是和爷爷家一条街，并且两家之间只隔着两户。父亲说，他去当兵的时候，就是大伯骑着自行车送他去的。论年岁，大伯要长父亲几岁。论个头儿，他们相差不多，身高都1.7米左右，在那个年代，男性的这个身高是比较常见的。虽然大伯年轻力壮，但骑着自行车带着一个成年小伙子走近40公里路，也并不是轻松的事情。达到昌城的火车站后，大伯像完成了使命一样。我们不知道他独自一人骑着自行车返回村子里的具体事情，但是他应该会思考一些东西，或许正是送父亲的这件事影响了他后面的人生选择。第二年，他也从这个车站走入了部队生活。

在父亲眼里，水貂是一种既聪明、灵活，又充满了战斗力的动物。从他的话语表达中，我感觉得到，这个结论是他亲身经验的总结。父亲说，要养貂并且养好貂，就先要学着和它们打交道。如果说只是给它们食物，让它们带来经济效益，那还不是真正的"打交道"，父亲执着于这一理念，当然他也是这样做的。我想，这可能也是他成功的原因之一吧，或许也可能是他最终放弃养貂的原因，因为那个时候，他发现了超出自己能力范围的风险，而这种风险直接威胁到了他的想法。

父亲对水貂的理解是他从实践中感受到的，同时，他也抱着书和资料认真地学习了。他自己已经无法说清哪些内容是他从书本上学到的，而哪些是他自己摸索出来的，当然，我更没有什么好办法进行分辨。但其实，这些并不重要，重要的是，在与水貂打交道的过程中，父亲获取了许多新知识，他觉得充实，并且这些知识也让他在村里，甚至县里的声望在不断提高。因为，他成为了当时的"万元户"。"万元户"是一种在那个特定时代中被大家热捧的身份标签，这种标签也给他带来了更大的世界，更广泛的社会关系，他思考的东西也由此发生了变化。

养殖过程中经常要抓住水貂，这并不是一件容易处理的事。那个时候并没有用铁制的夹子之类的东西来抓貂，因为铁制工具容易伤到水貂的嘴和皮毛，普遍使用的方法是直接用手抓。一般用右手从后背方向抓住貂的脖子，左手抓住尾巴根部，这样更容易抓牢，可以避开水貂的利齿。当然，用手抓一定要有保护措施，要不然那只手就要遭殃了。保护的方法一般是戴上专门的棉手套，这种手套很厚，里面使用的是陈旧棉花，外面则是很厚的粗布，我们当地把它叫作"手闷子"。父亲说，虽然"手闷子"能抵挡貂的牙齿，不至于咬出血，但是貂的咬合力会把手上弄出许多血泡。第一年的时候，父亲抓貂的技术还比较稚嫩，或者说还没有得到要领，只是凭自己的感觉去抓，所以戴着"手闷子"也被咬过好几次。至今，他的手上还看得到那时留下的斑斑点点的伤疤。

在水貂进入受孕期和生产哺乳期时，就会用到稻草秸秆。根据父亲的经验，如果那个时间段不放稻草，幼貂的成活率就会很低。为什么会这样呢？父亲说，所有的哺乳动物都差不多，这是一种动物给幼仔保暖以及保护幼仔的措施。他指指我们房檐下的燕子窝，我便明白了他的意思。父亲会定期给母貂更换窝里的稻草，在生产之后更是如此，当然有时也要灵活处理，这主要依据仔貂的情况而定。母貂生产后，父亲可以第一时间从木箱窝的外面听到幼貂的叫声，并通过叫声的特点来判断它们的健康情况、数量情况以及其他方面的情况，因为在刚生产的几个小时内，是不能轻易打开貂窝进行观察的。

当仔貂的叫声细尖而短促有力时，说明这些小家伙们是健康的；而当他们发出冗长、低沉、无力或者有些沙哑的叫声时，说明有问题，而这些问题多是因为窝里冷、没有吃上奶或者爬到了窝的角落里有关。这个时候，父亲多会打开箱子盖查看，而最主要的措施就是用一只手把母貂堵在窝外的笼子里，另一只手尽快整理好窝中的稻草，如果已经潮湿则要尽快更换干草，并把仔貂放在絮好的稻草窝中间，让它们团在一起。这种工作说起来并不复杂，但是做的时候还是有较大风险的，除了人可能被母貂攻击之外，仔貂也可能被母貂咬死，这并不是因为它们不喜欢自己的孩子，而是因为它们发现了不属它的孩子的味道。因为水貂的嗅觉特别灵敏，当它发现不是自己和仔貂的味道时，就会发起攻击行为。那么，用手换稻草的时候，手上的气味就会遗留在那里，用手拿仔貂时则仔貂身上的气味也会受影响。为了避免气味的问题产生影响，父亲想的办法是：用原来窝里的稻草先擦拭自己的手，甚至在手上和胳膊上涂抹一些种貂和仔貂的粪便，这样就可以轻易化解。后来，他的这种方法很快被村里人接受和学习，他也因此在养殖技术方面获得了大家的认可。

食物是养殖的基础，对于水貂的食物，父母颇有心得体会。在野生状态下，水貂以食肉为主，鱼、野兔、各种鼠类以及鸟类、两栖类小型爬行动物是它们捕食的主要对象，偶尔也会捕食一些昆虫。父亲说，水貂捕捉猎物的本领是很强的，如果水貂跑出去变成野生的，那么它们会根据季节调整食物构成。当冬天到来的时候，它们会主要捕捉地里的鼠类和兔类，有的还会破冰抓鱼，也有的在流水的地方"守株待鱼"。春天也差不多，但是捕捉其他小动物的数量会增加。夏天和秋天，它们的食物来源更加丰富，鱼、蛙、蛇以及各种昆虫都是它们的目标。

要想让水貂有较好的产仔率，保证成活率，必须在食物上下功夫。父母按水貂的生长周期给它们的食物划分阶段，根据这些阶段来调整食物的构成。准备配种期很关键，大约在9月下旬天气转冷至第二年的2月，要保证水貂饮食的营养且营养要均衡。3月是配种的集中期，此时饮食要多元，而且要一日多餐。从3月下旬开始进入妊娠期，基本要持续到5月中旬左右，此时要注意营养补给，要补充一定量的维生素。4—6月属于产仔哺乳期，要加大营养，需要增加肉蛋的供给。过了哺乳期，母貂就进入到了恢复期，大概在7—8月，而种公貂在配完种之后，就已经进入了这个阶段。这个时期最容易产生一些疾病，自咬症在这个时期的发病率也最高，父亲总结出来了一条这样的规律：由于哺乳期特别消耗母貂的营养，再加上离开仔貂之后，母貂会受到一种情绪上的冲击，所以在恢复期容易得病，为了应对这个阶段的风险，父亲总是尝试在这个阶段给种貂补充多种维生素，并给他们配给多样化的饮食。对仔貂来说，6-9月是他们的成年期。进入10月之后，种貂和当年的仔貂就进入了冬毛的生长期。要想冬毛长得好、质量高，在饮食上也要注意，如果营养不到位，皮毛的质量就会差，价格也会大打折扣。

父亲总是把"膘情"这个词挂在嘴边，它与配种和产仔有着密切的联系。按父亲总结的经验，种公貂在配种前，必须把膘情调整到中度以上，或者叫做"中上等膘情"，这样的种公貂"干活"的状态才最好。母貂则不能胖，一定要调整到偏瘦的膘情，这样发情会更好，更容易受孕，也容易多产。如果没有比较，膘情状态是很难被认定的，这就如同喝茶一样，如果没有同一类茶叶之间的比较，那么我们也很难辨别出所喝的茶口感上到底有什么特点。父亲的方法是最原始的，也可以说是最没有技术含量的，但对他来说却是最管用的。到了要关注种貂体况的阶段，父亲就会站在貂笼前面，看着水貂活动，一会儿俯下身子看看水貂的肚子，一会儿把水貂逗起来让它站立在笼里，这样的观察能够给父亲带来一些基本的判断。他说，体况过高的水貂的腹部就会出现堆积的脂肪，屁股那里也是圆圆的，反应会有些迟钝，行动有些笨拙，而且会偶尔厌食。那些中等体况的，腹部是平展的，躯体前后匀称，运动灵活。而偏瘦些的，腹部明显凹陷，躯体有纤细感，脊部稍隆起，活动时多出现跳跃运作。通过这些方法，父亲就能够给出较为准确的判断，并据此调整水貂的饮食量。

但是，父母还要下地干活儿，所以在水貂饮食上，父母还是主要按季节进行把握。父亲说，要区分夏季和冬季的情况。在天气没有变冷的时候，要给水貂烧稀食，特别是在夏天。先要把鱼粉烧开，然后再向里边加入玉米面、麸子之类的，再用水泻一下，倒入锅里，用专门做貂食的长把铲子在锅里来回搅拌，避免这些东西粘到一起，不然会起疙瘩。烧好后，就可以把食出锅了，再加入一些生菜什么的，再搅拌均匀，晾到适当温度就可以喂了。这样既可以保证营养，还可以提供一定的水分和蔬菜。冬天就不一样了，还是要先烧好鱼粉、玉米面、麸子，然后加入事先蒸好的窝头，直接捣碎加入，再和均，就可以喂了。加入窝头是父亲的一个发现，因为冬天冷，窝头不怕冻，只要喂的时候再加工一下，既不损失营养，也不会因为天冷而结冰。

鱼粉是貂食中不能少的，这是父亲从书上看的。鱼粉的价格也不高，父亲说开始的时候，鱼粉的价格是 0.85 元一斤，那个时候虽然算不上便宜，但与貂皮的价格比起来，真的是很低的成本了。但事情并不是绝对的，后来我和弟弟改变了必须使用鱼粉的惯例，也因此为家里省下了一些买鱼粉的钱——我们的方法就是"截鱼"。"截鱼"是一种捕鱼的方法，后文中会有单独的介绍。

水貂是喜水的动物，这一点从名字上就能感觉出来。父亲说，水貂笼的重要构成就是给水貂用来喝水和玩水的水盒儿，水盒儿里面要填满水，一天至少要给它们添3—4次水——因为这些水貂总是在玩水中度过时光，所以有时刚添好的水，被它们翻来翻去几下，就一滴也没有了。虽然冬天水盒会结冰，但也难不住这些水貂，它们总是有办法在那些小冰块上找到乐趣，就如同孩子们玩冰的感觉一样。那时，村里冬天的温度要降到零下10℃左右，就连屋子里水缸里的水也都会结冰。即使这样，也要经常检查水盒里是不是有水，是不是有冰。一旦发现水盒里结了冰，水貂也总有办法。它们有时用舌头在冰上舔来舔去，有时用锋利的牙齿咬下冰块，直接在嘴里嚼着吃。

水貂极为灵活，所以在给它们喂食的时候要十分小心，要不然它们就会瞬间从笼门的间隙钻出来。我开始给它们喂食时时常会出现这样的问题，全家人都要拿着各种工具满院子抓貂。不过，那时家里养着鸡，水貂一跑出来，它们多会寻着味道去咬鸡，所以只要晚上鸡一乱叫，我们就要起来查看。当然，也有的貂很聪明，它们会直接偷偷跑出去，成为一只自由的野貂。在我的印象中，家里好像也发生过这样的事，但也只能承担这样的损失了。

在喂貂的时候，人也会受到它们的攻击。父亲说，这种动物是不会喂熟的，它们喜欢攻击人，无论是谁，只要让它们找到机会，它们总会给出最有效的攻击。"这是它们的本性！"当然，父亲嘴里说的"本性"并不是一种价值判断，而是他养殖水貂经验的总结。据父亲的经验，水貂一旦咬到人，是不会松口的，越是打它，它咬得越紧，而且它咬到人之后，就使劲向后顿，仿佛把全身的力量都用上，不达目的不罢休。父亲说，貂这种动物，有种宁死不屈的劲儿，我们斗不过它，而且它们身手灵活、机动性强，一般的动物也打不过它。父亲说这些时，仿佛在介绍一位绝世高手。有一次，一位同村人到大姑奶家聊天，要走的时候，手不小心接触到了我们放在大姑奶家房檐根下的貂笼，结果，尽管隔着笼子的铁丝网，那只水貂还是死死咬住了她的手指。

貂皮，被称为软黄金，也是父亲养殖水貂最看重的东西。有了貂皮，我们就能过上好日子，这一点父母坚信不疑。取皮的工作，用马踏店的当地话叫作"打皮"。在我的记忆中，还清晰保留着打皮的主要用具的形状和流程影像，那时既热闹又让人看到希望。

12月打皮，时间在小雪至大雪之间。打皮要用到"锯末子"，这种东西就是从木材厂里买来的，是锯木头时产生的碎末。打皮时，水貂一过电后，就可以取皮，此时皮上会有很多油脂，手上抹上些锯末子就不会滑，既便捷也能提高效率。开始的时候，父母舍不得花钱买，而且用量也不大，就向村里人讨一些，有时别人也会主动给一些，实在不够用的话，就去木材厂里讨要一些。后来打皮的水貂多了，父亲就去自己买了，去买的时候总是多买一些，防着村里其他人没有了来找。锯末子和貂皮上的油脂混到一起，是上好的燃料，不但火旺，而且也耐烧。每到打皮的季节，我们就能省下许多烧煤的钱。在貂多的时候，甚至一个冬天的燃料都不用再操心。不过，烧睡觉屋里的炉子是不能用这种东西的，因为油脂多，所以味道很大。

取完皮之后，就要暂时把皮子储藏起来，如果在短时间内出售，那么就不需要撒药粉，但如果储藏超过三四个月，就会进入夏天，天气变热，各类虫子增加，此时要加入一些药粉防止虫子咬坏皮子。另外，还要防着老鼠，因为它们也喜欢咬皮子吃，所以要把皮子吊起来，或者储藏在老鼠不能进入的密闭房间内。父亲总是用厚厚的塑料袋子把貂皮装起来，然后再撒些驱虫的药粉，把袋子口紧紧地扎上。这种做法一直沿用下来了，在父母养殖狐狸的时候，他们也是这样保存皮子的。

开始的时候，是要自己到县城里"交皮子"的。到县城的交通工具除了牛马车、自行车，还有很少的公共汽车，但坐汽车在当时还是奢侈的一件事。父亲说，在第二年去县外贸局交皮的时候，是搭别人的四轮车。在当时，这种农用车已经是不错的交通工具了，但是人只能坐在车斗儿里，没有什么地方可以挡一点点冬天的寒风。在零下十几度的刺骨寒风中，父亲坚持了1个多小时。父亲说，自己没有棉鞋，当时穿的是一双夹鞋——

也就是单鞋，那还是姥姥缝制送给他的。在四轮车里，父亲的双脚就如同踩在冰块上一样，他不停地跺着脚，但很快就被冻得没有了知觉。卖了皮子后，父亲咬着牙，买了一双棉鞋穿上了。当父亲讲述这些的时候，我知道他内心的情感是复杂的，因为他时不时会从语气和眼神中流露出感慨、回味、坚定等各种感觉。

除了貂皮之外，貂肉也给家里带来过一定的支撑。这种支撑不只是经济上的，还有和村里人之间关系上的，或者说是精神上的。那个时候，能吃得起肉的人，就是日子过得好的人家，自然，肉也就成了生活水平的重要标志。在养殖水貂之前，大家只是在过年的时候咬牙买点猪肉。在父亲养貂的第二年，貂肉就成了村里流行的一种高级食材。父亲查了资料，在这方面，他总是首先想到在书里找答案，看看书里怎么说。当他看到水貂养殖书上说貂肉营养丰富，有独特的佳肴风味，他特别高兴。于是，他就和母亲尝试着做貂肉。他们把整个貂肉放进家里的大灶台铁锅，加入清水和一些姜、葱，再加入辣椒酱，就烧火煮。那个味道，我永远都记得，至少对我和弟弟来说，那是人间美味，父母也说很好吃。于是，他们就把貂的前后腿单独卸下来，给爷爷、大姑奶还有其他亲戚朋友家送去。从那以后，每年的打皮季节，我们就有了貂肉吃，村里人也来回送起了貂肉。由于气温低，做好的貂肉可以放很长时间，甚至过完年之后还有人家在吃。有时，和我们一起来玩的小伙伴也会从母亲那里获得一个貂大腿吃，我们举在手里，一人一口地很快就吃干净了。

貂肉很好吃，但这对父母来说意味着什么呢？他们吃了那么多的苦，甚至吃过树叶草根，他们已经对味道麻木了，或者说，吃和味觉并不能在他们的内心再掀起什么波澜。他们更在意的是这种味道和好吃的感觉可以传播到别的人家、传播到那些曾经给过他们帮助的人那里。在他们心里，那些人永远值得记住，永远值得信赖。给他们送去自己做的好吃的貂肉，这代表着他们的一种态度。

大姑奶和叔叔喜欢吃貂肉，吃得也多。父亲一直想给叔叔水貂养，让他也享受到这种动物给家里带来的财富，但是叔叔并不想养，所以一直没有接受父亲的好意。

貂粪，是上好的有机肥。每过几天，父母就要打扫一次貂粪，然后把它们渥堆在家门口。到了春秋土地耕作的时候，就把这些粪运到地里，给地施肥。父亲对土地耕作并不在行，甚至远不及我的母亲。隔壁的叔叔和大伯，有时间就帮我们去做田地里的这些事，尤其是把貂粪运到地里。在我的印象里，父母并不怎么养驴马这些牲畜，至于为什么不养，可能和他们搞家庭养殖却不想完全围着土地转有关吧。又过了两年，父母发现施了貂粪的粮食长得更好了，比周围其他人家的长势好，产量也高。后来，家里貂的数量多了，貂粪也多了，父亲就让叔叔把一部分貂粪施到他自己的土地里。叔叔不光有农技站的手艺，还是一把种地的好手，在他的地里是不会看到杂草的，更不会有灌溉、收割不及时之类的情况。每天早上起来，叔叔总是早早地下地，在地里忙活两个多小时之后才回家吃饭，然后再接着去地里干活。有了这么好用的有机肥滋润土壤，叔叔当然高兴。有时，父亲还没有说要打扫貂粪，他看哪里貂棚粪便多了，就主动过来清理，再用家里的嘣嘣车——一种简易的农用车，到河边的沙滩上拉来一车沙子，铺到刚打扫过的地方。

水貂皮和水貂肉给家里带来了切实的效益——有一年，父母给我和弟弟各买了一件皮夹克，虽然是仿制的皮，或者叫做"革"，但样子很好看，我和弟弟都高兴得不得了，其他的孩子们也投来了羡慕的眼光。大家都知道，父亲养殖水貂成功了。显然，父亲并没有满足赚的这些钱，他还有自己的想法。父亲坚信没有规模就只是"小打小闹"，至于为什么要扩大规模，应该是因为以前艰难的生活总是激励着他做出选择。想要扩大规模并不太难，但也绝不是轻而易举的。父亲决定多留种貂，当年就少收入一些。家里的院子并不小，但父亲觉得还不够用，于是大姑奶又伸出了援手。她让我们拆除了那道横在宅基地之间的那道矮矮的篱笆墙，这样大姑奶的院子里也放上了我们家养的水貂。院子西面的篱笆墙原来也是用高粱秸秆做成的，在叔伯和附近几家人一起帮助下，西面的篱笆墙终于变成了红砖围墙。我对以前那个篱笆墙已经没有什么印象了，但对那堵红砖墙的印象却十分深刻。虽然那时用的几乎全部是泥土，没有水泥、石灰，但除了最上一层掉了几块砖之外，那堵墙依然如故。它与那栋已经有些残破不堪的房子一起，诉说着曾经的风雨和岁月。

虽然大姑奶家的院子和我们家的院子打通了，但是大姑奶喜欢养鸡和鸭子，而它们是不能在貂棚里乱跑的，尤其在水貂发情和配种阶段。于是，大姑奶和叔叔在他们院子中间又扎了一道篱笆，为的是防止鸡鸭乱跑。不过，大姑奶总是在篱笆下种些好东西，有鸭葫芦、南瓜、豆角等等，而这些东西也常常成为孩子们的快乐来源之一。

扩大了规模之后，我们从中受到了益处。1984年，家里的收入接近万元——关于这一点，父母并没有真正算过有多少，总之是卖了挺多钱的，所以村里人都这样说，把我们叫做"万元户"。"万元户"在当时算是一种极高荣誉的称号，不仅仅是一种与钱挂钩的东西。父亲的名声很快也传了出去，甚至出去的时候就会被人直接喊"万元户"，那时，在村里可以称为"万元户"的好像也只有父亲一个人。此时，父亲心里想的事情有了一些变化，他觉得应该为村子做点什么。

1985年，父亲已经是远近闻名的人物了。水貂的名号也大了起来，大家都知道养貂出了一个"万元户"，这个"万元户"就在马踏店村。又快到年末了，父亲做了一个在他看来有些惊天动地的决定。他用圆珠笔写了一封信，由于只上过小学，所以在信的修辞和逻辑上并没有什么考究，只是写出了自己的想法，但他对自己写的字还是有些信心的，这源于他在部队时的刻苦练习。那封信，是写给邓小平同志的。

父亲永远记得那封信的内容，因为那是发自他内心的声音。2个多月过去了，正当父母在忙碌的时候，一个让人难以置信的消息传来了。党中央给父亲回信了！父亲那几天格外兴奋，甚至晚上都无法入睡。虽然已经颜色泛黄，但那份1986年2月的《秦皇岛日报》保存得异常完好。那一期的头版头条就是关于父亲的，标题是《县委书记杨金声带头包户扶贫脱贫农民赵中元投书党中央请求予以表彰，赞扬杨金声同志把党的温暖送到了贫困人的心间》。父亲每过一阵子就要把报纸小心翼翼地拿出来，用手抚摸一会儿再放回去。报纸上写着，1985年我们家的纯收入是6869元，1986年计划收入12000元。并用了这样的结语："赵中元从自家脱贫致富的经验中体会到，上面有党中央的富民好政策，下面还要有认真执行政策的好干部，才能使像他这样的困难户真正走上富裕之路。"

除了父亲之外，村子里当时似乎没有别人是被干部"包户"的，但在别的村人数并不少。这份报纸写道，当年全县各级领导干部包户1441户，有 1008 户脱贫致富，"脱贫率达到百分之 69"。可能是受了父亲致富的影响，很快，村里也有了其他的人被干部包户。

昌黎县县委书记杨金声调走后，接任的新县委书记姓乔，新书记的包户村民还是马踏店村的。他姓马，我和弟弟管他叫大爷，他的年龄比父亲长上几岁。在马大爷看来，种地是没有出路的，唯有像父亲一样，开展养殖业才可能走上致富的道路。所以他就跟着父亲学，有事没事总到家里来聊天，如果遇到家里在忙什么事，他就主动帮忙。父亲也不保留，他问什么，父亲只要知道就会告诉他。随后，他从父亲那里买了两组水貂，也走上了养貂之路。这样，马大爷家和我家的来往就更多了。大爷总是说，这是"鱼帮水、水帮鱼"，相互帮助。后来，马大爷家里的日子也越来越好，他走在路上总是面带笑容。

随后，父亲被邀请参加市里、县里的各种表彰大会。挂在墙上的那几面带框的大奖状记录着父亲那几年的成就。在我幼小的心灵里，虽然还不清楚那些奖状意味着什么，但是我知道，那是一种荣耀的代表，是值得珍藏的，所以父亲才会把它们高高地挂在家里最显眼的地方，每年都要擦拭几次。父亲还获得了秦皇岛市劳动模范、县优秀共产党员等荣誉称号。秦皇岛市的劳动模范，不仅有大红的证书，还有一枚精美的奖章。这些代表着父母的勤劳、付出以及他们的人生智慧，但是，没有水貂，父亲可能不会得到这些；没有水貂，我们可能也不会有现在的生活；甚至再进一步说，如果没有水貂，我和弟弟可能都无法完成各自的学业。所以，那些荣誉、奖状和奖章，应该是父母和水貂一起获得的。

父亲的故事登上了报纸以后，关于他成为"万元户"的事迹也随之传播开来，同时父亲也遇到了一个大问题，这也是他不曾想到的。他很快收到了来自全国各地的大量来信。那个时候，还没有什么手机、QQ、微信，就连电话机都是那种古老版本的，全村也没有一台，所以，笔墨往来仍然是最主要的通讯手段。父亲从来没有见过这么多信，更没想到这些信都是写给自己的。父亲说，这些信的内容都差不多，都是向父亲表达敬佩之情，然后讲述自己的困难，希望得到父亲的帮助，也有一些直接提出想要养殖水貂，希望得到父亲的帮助和指导。

这下可把父亲愁坏了。他总是觉得，人家来信求助，是对自己的信任，按道理来说是不能不管的，但是他并不知道该如何帮他们。父亲说，当时从承德来的信最多，他就猜测那里应该是比较贫困的，人们更需要帮助。他甚至在晚上睡觉的时候还在和母亲商量这件事。那段时间，对他和母亲来说是一种煎熬，似乎人总是想着成功、出名，但出名之后的责任就会更大，如果对这份责任不管不顾，那么良心就会受到谴责。父亲的这种观点我是赞同的。后来我常想，父亲嘴上从来没有说过豪迈的语言，似乎也不知道什么胸怀天下之类的豪情，但是对那些不知是真是假的求助者，他真的用了心，真的在想办法，这让我感触到了一种不一样的胸怀天下，也让我知道，身边的小事也都是大事，或者叫做以小见大吧。

在众多的来信中，有一封信不是求助的。父亲说，信里说他们家在承德，那里有避暑山庄，是个好地方，可以过去玩，还可以感受历史。这时，父亲摇了摇头，还露出一丝苦笑。我知道，父亲对自己的情况心里是有数的。他说，那个时候，从来没想过出去玩儿什么的，一丁点儿的想法都没有，虽然人家说是万元户了，但是家里只能算是不太困难了，能过上稍好点儿的日子了，哪里有钱去玩啊？也没有那个时间。更何况玩也不是当时老百姓的生活方式。

这件事就这样慢慢过去了。父母在村子里专心养貂，专心经营家里的土地，就这样过了三四年光景。在这期间，村子里几乎家家在养貂，大家的收入也都增加了，我们村也成了远近闻名的皮草动物养殖村、富裕村。来自海宁、大营的皮草商人甚至直接来到村里收购貂皮。村子里看上去一片红红火火的样子。但紧接着，问题出现了。

父亲到现在还是认为，由于自己只有小学文化，所以一些更深的技术知识还没有学到，也正是这个原因，最终水貂养殖出现了大问题。他指的这个"大问题"就是导致他放弃养殖水貂的重要原因。那个时候，村子里家家都在养，而且都在铆劲多养。找父亲求教的人也多了起来，咨询如何治疗各种病症的人尤其多。以前水貂除了自咬症之外，其他病很少得，养的人多后，很多病出现了，他以前根本就没有遇到过。

1990 年，村子里的水貂大量死亡，当年的产仔率也极低。我们家的也没有例外。当年，大家都赔了钱。父亲仿佛一夜之间长了许多白头发。他和村里几个养殖户一起分析，最终，他们认为是食物出了问题，主要应该是鱼粉。别的倒是好说，可以人为调整，但是大家谁也不会制作鱼粉，那些鱼粉都是从外贸买的，是秘鲁生产的。这下可难倒了父亲，这个技术问题远远超过了他的能力。他觉得，不能再养水貂了，因为鱼粉不能掌控，一旦再出问题，那么就可能有全军覆没的危险。

　　不过，这个想法并不坚定，因为他已经积累了七八年的经验，放下改变了家里境况的水貂另起炉灶，这个选择难度太大了，这一点很快得到了应验。后来父亲被骗了，在养殖的路上栽了跟头，但是他仍旧没有放弃，并探索出了一条新路子，又给村子里带来了一个新的养殖热潮。与水貂养殖相比，这个热潮更大、更有影响，而父亲则是村子里这股热潮的真正带动者，即使我的弟弟在技术和管理等方面慢慢取得了更大的声誉和成功，但没有人不认可父亲的功劳。

六、家猪养殖

在中国传统农村中，人和动物是相依为命的，或者更确切一些说，动物在很大程度上支撑着农村人的存在，没有农村中的动物，就不会有农村人——似乎只有人的村子并不是一个完整的农村该有的样子。

故事要从我的爷爷开始，因为再往前的事，我很少听到，也没有几个人知晓。

在生产大队之前，村里有人在家里养点家禽什么的，很少用来卖钱，但可以在邻居、朋友和村里其他人那里换些东西，也算是人情往来的一种纽带。生产大队解散后，爷爷家里养的鸡、鹅、猪开始多了起来，当然村里几乎所有的人家都会养些畜禽动物，因为没有这些动物，仿佛家里缺少了些什么，这一观念从生产大队解散后似乎成了一种共识。小时候我和弟弟一起喂鸡的照片，可以算是家里最老的照片之一了。但在我的脑海里，仿佛处处都有和鸡、鸭、羊、猪、狗这些动物一起度过的痕迹。在那特定的时间段里，这是一种生活的常态，也是最正常的一种状态。

爷爷家里养猪的地方，大家都叫做猪圈，当然，并不是只有爷爷家的这样叫，马踏店村所有人家养猪的地方都是这样称呼的，可能周围的村子也是这样的。在我的印象里，猪圈就是猪生活的地方，那是它们的家。但是，它们明明住的是和村里人一样的平房，只是小了些，没有家具，其他都差不多，所以也应该叫房子。猪圈也是用石头、木头、泥土和石灰这些材料一起建起来的。圈里分成两块儿，上面是猪的"炕"，下面是猪活动的地方，也是拉尿的地方。虽然当时从来没有想过，为什么猪圈也要像人的房子一样要有"炕"，但是我却知道，猪在里面是很高兴的。它们总是在里面睡、玩，还在墙上蹭痒痒。不过，它们在上"炕"之后，似乎看上去并不是十分快乐，总是在睡觉，或者睁着眼睛一动不动，想着什么。在下面有自己粪便和尿的地方，它们看上去总是特别快乐，在那里又唱又跳，还不停地打滚，比我们那些孩子们一起玩嗨的时候还要嗨。我觉得猪是快乐的。它们时不时发出"哼哼哼"的声音，就像是在唱很特别的歌，也好像在相互聊着天，还有的像是在自言自语地倾诉着幸福的感受一样，在吃食的时候，它们的那种"哼哼哼"的声音就特别大。

父母成家后，他们也养了猪。母亲每天早早起来，最先做的事就是给猪做饭，我们叫作"㸆食"。"㸆"的做法是，先向锅里放入一定量的水，盖紧锅盖，通过加热锅中的水使食物变熟，我们那里有做"㸆白薯"的习俗，实际上就是蒸红薯，所以㸆更像是蒸。但给猪做饭，是用水煮的，基本没有蒸的内容。或许这就是当时的一种习惯性口头表达，"给猪㸆食去！"这也是人们常说的一句话。

㸆食是一项比较复杂，但也相对容易的工作。说复杂是因为要放很多材料，这样猪可以吃到更有营养的食物。当然不一定非常合口，但对猪来说，合不合口不是问题，因为它们似乎喜欢所有可以吃的东西。说相对容易，是因为把这些材料放在一起，加水烧，直到大锅里冒一个个较大的气泡就好了，再用猪食桶从大锅里把这些猪食盛出来，就可以给猪吃了。在我的印象中，无论是奶奶还是妈妈，他们一般都是早上㸆一次，把下午的一起做出来，就不用再单独㸆了。晚上再喂的时候就直接把这些㸆好的食物给猪们倒进槽子里。这个槽子是让村里的人给做的，他也算是和我们有一点点亲戚。当然，天冷的时候，要加些热水，不过，即使不加热水，好像猪也不怕凉，也不会吃坏肚子。

妈妈养猪的时候，我已经有了一些记忆，那时我五六岁的样子。父亲说，为了养水貂，家里才买的猪。父亲这样给我解释：当时养水貂怕赔钱，养几头猪是为了有个保证，水貂赔钱的话把猪一卖用来还从信用社贷的款，要不然还不了信用社的贷款，那可不行。当时，我对这些当然不了解，也理解不了。虽然父亲说只养了一年猪，也就是养水貂那一年，当年把4头猪全部卖掉，堵上了赔的钱，还了贷款。从第二年起，父母就没有再养猪。即使只有那一年，我对家里养猪的感觉却十分强烈，和猪相关的事也陪我走过了童年时光，直到现在心里还不时荡漾出那时某些记忆的火花。

我虽记不起当时家里有几头猪，但绝不是一头，因为我总是隐隐约约地记起几头猪一起玩乐的样子，而且有一段时间，家里的厕所也是和猪圈相通的，当时村里很多人家都是这样做。我并不太清楚这样做的原因，也不知道目的是什么，只是记得猪是吃"屎粑粑"的，而且我也记得他们在那里等着吃的样子。我从没有怀疑过，为什么猪会吃这个东西，只是觉得它们想吃就应该给它们吃。和父亲聊过之后，我确认了当时家里养了4头猪。不过，给4头猪做饭确实是个大问题，因为似乎吃"屎粑粑"只是它们的"业余爱好"，它们还是要吃自己的正当食物——我们称为"猪食"。或许是因为给这4头猪做猪食是一个大工程，所以在我的脑海里留下了深刻的印象。

母亲是烀猪食的人。每天早上天还没有亮，母亲就要起床，先是剁菜，也就是把菜切碎，放在大锅里，加入一些玉米粉，这样边煮边搅，这样大概要烧半个小时。烧好后，母亲就去忙着给家里其他的动物准备食物。等天蒙蒙亮的时候，大锅里猪食的温度也差不多了，妈妈就用一个橡胶的大桶，我们当时叫作"猪食桶"盛上一桶，再提到猪圈处。这时候，4头猪早就在圈里不停地叫着，或许是在歌唱，有独特的韵律，声音很大。母亲把猪食用猪食瓢盛到猪食槽子里，这时候，猪的反应更激烈了，它们如同受了刺激一样，或者是心里急不可耐，在圈门口使劲叫着，并相互拱来拱去。母亲以很快的速度打开猪圈门，它们就连滚带爬地从圈里挤出来，一下就抢占有利的位置，头也不抬地吃起来。它们吃食的时候，总是使劲地把头部和身体其他部分的力量用到最大，这导致它们吃的动作很大、声音也很大，期间还不时发出高兴的"哼哼"声。那时我想，它们这样狼吞虎咽地吃，还哼着歌，本事还真是不小！每次它们都吃得精光，回圈之前总是找一切机会把槽子里的最后一点渣渣、沫沫什么的吃干净。它们吃食的槽子是石灰做的，又凉又冷，舌头添上去，应该很不舒服，但它们仿佛对此一点也不介意，而且像是很喜欢这样干一样。我想，猪是家里了不起的动物。即使后面不再养猪了，但大姑奶家和叔叔家一直在养，我们总在他家的猪圈边玩，在猪圈的墙上一会上一会下，此时，猪也会加入进来，看着我们，有时也跟着哼歌。

母亲给猪烀食很辛苦，但她从来不说什么。当然，在我的印象里，母亲从来没有说过累、忙、没时间之类的话。她总是抢着做事情，总是要把所有的家里、地里的活儿做完做好。她是一个要强的人，从小，我们兄弟两人就在母亲的这种影响下生活，这也养成我们有恒心、有毅力做事的根基。但在养猪的那时候，我并不懂得这些，只是觉得妈妈又去喂猪了，她在外边忙活呢。于是我就学着她做些事，或者想办法加入进来。

虽然母亲和父亲不让我做这些事，因为我还小，也做不了太多，除了能带着弟弟玩，但我正是从那时起，开始认识地里的各种野菜，而且原因是和猪密切相关的。如果没有猪，地里的野菜是村里人的重要食物，这么说一点也不过分。在父亲小的时候，野菜是人们最好的食物之一，甚至一些嫩树叶都曾经是村里人的食物。那时的生活状态，用"缺吃少穿"来形容是非常恰当的。进入20世纪80年代初，大家的日子总体有了较大的变化，至少在吃的方面，不用和猪抢那些地里的野菜了。母亲总是这样告诉我，而在我的印象里，猪吃野菜是给它们的福利，它们也应该享受这样的福利，孩子们也应该去地里给他们"挑菜"。我似乎没有过多考虑过别的事情，比如家里有没有粮食给它们吃，挑菜如何减轻了猪的饲养成本。这些想法，或许只有大人才会有，即使父母告诉我，"家里玉米不多了，要多给点儿野菜"，我也只是按他们告知的，要多挑菜，至于在给猪烀食的过程中是如何控制野菜和玉米饲料的比例的，我完全没有意识。

这可能造就了孩子快乐的童年。我就是在父母给的话语熏陶下，在他们商量后的"指示"中，感受着猪与我们生活、我们行为以及我付出的体力劳动之间的关系的。在挑菜的跋涉和与泥土的对话中，我享受着一种快乐和幸福。其中，既有父母的肯定，也有看到猪高兴地吃食时的满足。

那时候的田野里，到处都有一种新奇的生机，小鸟很多，各种各样的，它们总是在地里或者树林里快乐地玩耍。听到它们的叫声，或者看到它们飞来飞去的样子，我就觉得浑身有劲——这可能就是孩子的一种本能吧。虽然在养猪的时候没有看到大人们如何专程去挑很多菜，但跟随母亲在地里、沟边、田间地头挑菜的经历却影响了我后来与家里养的鸭子、羊之间的关系，因为给它们挑菜割草成了我放学后的一项重要工作。

虽然那时只有6岁左右，但是我已经能够叫出许多菜的名字。这些名字，直到现在我还清晰地记得，并且在看到的时候能够认出来。每次回到家乡，走到田野里，我也总是习惯性地看看脚下，找到那些野菜。只不过，它们真得太少了，只是偶尔幸运的时候才会在一些偏僻的角落发现几个身影，远不是以前茂盛的样子，仿佛到处遍布着它们的兄弟姐妹。可能是农药的作用太强了，也可能是现代农业对消除杂草和野菜的要求提高了，它们失去了生存的机会。但是，即使这样，它们还是存在着。

有一种菜的生命力很顽强，它叫"车轱辘菜"，孩子们喊作"轱辘道齐"。我后来问父亲，为什么叫"轱辘道齐"，他说这个名称好像是我们这些挑菜的孩子自己起的，因为他们平时就叫"车轱辘菜"。后来我想，我们自己给这种野菜起名字，说明我们还是有想法的，或者是从什么地方获得了启发。沿着这种思路，我发现当时这种菜很多就长在泥土路车轮压过的深印痕的旁边，那些地方地很硬，在那里它们长得很规律，几乎是和车轮印齐平的，所以不会被车轮压到，这种情况和我们起的名字是相符的。当然也有一些生长在别的地方，如果出现在水草茂盛的地方，叶子就会很新鲜，而且叶片要比在车辙附近的要大得多。"轱辘道齐"长大些后，或者是快成熟的时候，会从叶子的中间长出1—3个长长的细秆就像我们小时候常玩的一种"蒲苇"，上面还会有凸出来的形状，有4—10厘米长。母亲告诉我，这是它们的种子，成熟后，会随着车轮经过，被碰落到地上。等来年，这些种子就又从车轮附近长出来。这样不停循环。

"驴耳朵"这个名字同样很形象。这种菜的样子就像是驴的耳朵一样，开始时我并没有注意太多，接受了这个名字，但这种菜似乎到处都有，而且母亲不让我挑，说不能吃。我牢牢记在心里，猪不吃的东西，挑回家也没有用。

"气气芽"也是一种非常有特点的野菜。它的全身长着一种如同做针线活儿用的针一样的小刺。小刺分布得特别均匀，甚至让人无法下手去挑。所以，我们总是在它比较小，没有长大的时候去挑，因为这个时候那些小刺还不太坚硬，用手采的时候还不太扎手。即使是这样，我们也没少受它的"欺负"。还好，母亲说"气气芽"的刺没有毒，扎上后只是疼一会儿，然后就没事了。事实也是这样的，所以我们在心里对"气气芽"并不畏惧。当想到猪爱吃它，羊也爱吃，就忍着疼下手了。那时我常想，人的手怕疼，为什么猪啊羊啊牛啊的不怕呢？难道"气气芽"的刺不会扎它们的嘴吗？然后我就找机会凑近它们，观察它们是如何对付那些扎手的小刺的，虽然没有得到什么最终的答案，但是我确信了，这些动物的嘴确实能够应对这些小刺，动物们有自己的本事。其实，我也对"气气芽"这个名字产生过疑问，因为"气气"在我们村方言中指是的一种类似于汽油的不好闻的味道，但是这种菜上好像没有什么不好的气味，后来我想，是不是"气气"指的是这种菜身上有小刺的特征，这样理解可能更恰当。正是一种叫作"荆荆狗子"的野菜激发了我的这种想法。

"荆荆狗子"也是一种长刺的植物，是羊最爱吃的东西之一。它和"气气芽"虽然都长刺，但它们的差别也是相当大的。与"气气芽"有一个径直向上生长的主茎不同，它会从根上发出好几个茎，而且是匍匐在地面上的，叶子和"气气芽"比起来很小，在茎和叶子上都没有刺。当长到一定程度的时候，就会在茎上长出类似小球状的"荆荆狗子"，上面布满了小刺，刺要比"气气芽"的大，而且更坚硬，等到长到成熟的时候，更是锋利无比，我们小时候没少被它们扎到，如果是光脚踩上去，更是要命，一下就会血流不止，钻心地疼。这种植物的生存能力很强，繁殖能力也很强，因为我在我记忆中，到处都可以看到它们。成熟后的"荆荆狗子"会变成土一样的颜色，灰灰的，不仔细看根本无法发现，它们会散落在各个地方，所以对那些喜欢光脚玩的孩子以及光脚干活的成年人来说，它是一种危险的存在。至今我仍清晰记得自己光脚在地里玩被扎的情景。即使被它扎到了，更不会上药包扎，因为在当时看来，这根本算不上受伤，也没有必要处理，只要用手把扎到肉里的刺拔出来就行了，那个时候的我们似乎很"皮实"，什么都不怕一样。

有一种很好看的野菜叫"马蜂菜"，后来我在城里的菜市场里也见到过，价格还挺高的。有人卖，有人买，有人喜欢吃，说明这个菜并不只是用来喂猪的。我问了一位买"马蜂菜"的大妈，她说用这菜做"菜馅子"之前最好用热水"焯"一下，要不然里面的东西对身体不好。我专门查了"焯"字的含义，在我们村，这个字被变音成了"灶"（去声），当然，有时也会发"chāo"的音，这和东北的"紧"，河南的"掸"，四川的"沮"，广东的"灼"应该是一个意思。但是当时我们挑的"马蜂菜"都是给猪烀食用的，人从来没吃过。当时我曾想过，那种菜看上去有很多水分，用手一掐感觉更真切，那么到嘴里是不是会像梨一样呢？现在，"马蜂菜"真的成了城里人得意的一种野菜，没有人因为猪也爱吃而排斥它。

"酸饹饹留留"是孩子们的一种食物，当然，也是大人们的美食。小的时候，我和弟弟没少吃这种野菜。直到现在，一说起这种菜，我们的嘴里都会有种唾液分泌的感觉，或者说有种馋得要流哈喇子的感觉，因为它是酸的。酸饹饹留留的分布并不广，叶子有点长，形状和柳树叶子差不多，颜色有点儿灰还有点儿紫，在叶子的边缘有小小的绒毛。我们去地里挑菜，见到"酸饹饹留留"肯定会直接掐一些嫩叶子放到嘴里，酸酸的感觉吃起来很过瘾。由于并不是每次都能遇到这种菜，所以我们很少把它带回家。挖根是挑野菜时常用的办法，一是根很有营养，二是挖的菜会很"出息"，也就是比较多，无论是给猪烀食还是给羊、鸭子吃，都代表我们的"工作"效率。那些挖根的野菜都有很强的繁殖能力，很快还会长出来，而且在大人们看来，挑野菜也是变相地锄地，避免野菜和粮食作物抢夺土地的营养，这样粮食就会长得更好。所以我们这些挑菜的孩子常受到大人们的表扬，我们也喜欢享受这种表扬。"酸饹饹留留"是不能挖根的，当时我并不清楚原因，只是按大人们告诉的去做，但是如果长到了田地里，也逃不过被清除的命运。在与父亲的闲聊中，父亲不时感叹，再也没有看到过"酸饹饹留留"，更没有体验过它的味道。

虽然"酸饹饹留留"并不多，大家也喜欢它，但似乎没有人把它看作是野菜中的"贵族"。有一种菜却不同，它的名字叫"青茗菜"，在烀猪食的时候，妈妈似乎特别在意这种菜放进去的多少。如果挑得比较多，她就要拿出来一些，留到下次用。她告诉我，"青茗菜"的味道有一点点苦，但是很有营养，猪吃了之后长得快。后来我终于知道了它的真切味道。一次我挑了很多，当时好像还要给家里养的几只兔子吃，后来剩下一些，妈妈先用沸水焯了一下，然后直接加点酱油，再放点醋，我们就这样品尝了"青茗菜"。在嘴里是一种很爽口的感觉，有些脆，还有些微微的苦味儿。后来想想，当时如果再放些香油，味道应该会更好。但，家里当时好像并没有香油，村里也没有几家有的。直到几年之后，香油才普遍地进入了村子，因为村里的日子已经过得像模像样了。即使日子越过越好，但吃"青茗菜"的机会也不多，后来也就慢慢淡忘了。现在回到家乡，特别想在地里找到这种菜，更想尝一尝，回味一下那种感觉，但是一直没能如愿。

"水角菜"是一种看上去有某种娇艳感的野菜，叶子修长而且边缘仿佛经过人为加工过的一样，弯曲的感觉很丝滑，又有那种龙在天空中盘旋的感觉，而这种感觉可能和小时候看《西游记》电视剧有关吧。家里的所有动物都喜欢吃这种菜，鸭子、羊和兔子吃的时候，非常欢快，我觉得他们当时心里应该是非常幸福的。至于猪，我关注得不多，因为多数时候，这些菜都被混在一起烀成了熟食。但以猪的性格，我想它们一定特别喜欢这种菜。父亲告诉我，"水角菜"是以前他吃过的最好的东西之一。对于他的这种说法，我没有什么具体的概念，更没有什么印象，因为我从来没有吃过。父亲说吃"水角菜"不是吃叶子，或者说当时最主要的不是吃叶子，而是吃它的根。人要吃的时候，需要用小镐把它的根刨出来，然后洗干净，捣碎后再放一点玉米粉，玉米粉在当时极为珍贵，所以多数时候是不放的，直接放到锅里蒸。老人们说，用"水角菜"的根做出来的食物味道并不是太好，有一种气味，但是比起树叶什么的，绝对是好东西。我对"水角菜"的根没有任何印象，不知道它的形状，也不知道它的味道，因为我从来没有挖过它的根，去挑菜的时候总是紧贴地面获得它的叶子。那我为什么会这样做呢？我们所谓的挑菜，一般是带着一些根的，对大多数野菜来说，它们都是紧贴地面生长的，如果不带一些根，我们得到的就不是整株，而是碎了的叶片。为什么面对"水角菜"时，我没有挖过它的根？这个问题也难住了父亲和母亲，他们并不了解我是那样做的，他们平时也没有关注，因为他们太忙了，要下地、要照顾家里养殖的动物们。我在这方面获得的自由让我自己做出了决定。后来我想，可能是因为"水角菜"的根很大，而且很结实，我用普通挑菜的小"割刀子"是挖不动的。即使没有父母的指导，我们这些孩子在劳动的实践中，也学会了一些自己处理事情的技巧。

包括父亲和母亲在内，上了些年纪的人都提到了挨饿的年代，那是20世纪60年代的事。对那段历史，经历过的每个人可能都有自己独特的描述——他们挺过那段艰难时光，必然经历了很多。父亲说，挨饿的那些年，"呷草"，也就是河里和沟坑里的水草，都是好东西，更不要说"水角菜"了。虽然我知道"呷草"是什么，但并不知道"呷草"这个名字是怎么来的，"呷"字是不是这样写，但这个字有"吃、品、尝"的意思，也就是和吃有关，而不是强调水生，或许与那个年代人们把它当作好东西有关吧。即使最初不是这样的，可能在那段历史中也被加入了这样的含义。不过，从另外的角度来说，村里的方言可能也会影响到字，尤其是方言产生的变音，比如我们说"燋"，就成了"灶"。我们说的"咂草"就是河沟里长的各种藻类，所以，也可能是由"藻草"变声成的名字。如今已经没有人能说得清楚，至今我也没有解开这个谜团，而且，村子里并没有人关心这个问题，甚至觉得有些可笑。

父亲说，把"咂草"从水里捞出来，用刀剁细剁碎，向里边少加入一些玉米面，混合一下，就成了人们吃的东西了。当时还有另一种主要的"食物"，除了猪吃，人也吃，我们当地话叫作"苞米骨头"。这种东西是用没有了玉米粒的玉米棒子做的，把棒子弄成粉末，再加入一点玉米粉或者玉米面，做成一个个的球，再烀熟。与"苞米骨头"比起来，"咂草"要好得多。父亲说，"苞米骨头"吃了之后，不好消化，肚子会不舒服，有时都排不出大便。父亲说这话时，透着无限的感慨。

"野芹菜"主要生长在村子附近的水沟、水坑和河边各种杂草中。它是一种很有诱惑力的野菜，在我的印象中，它鲜嫩多汁，口味也不错，就像真的芹菜一样。吃的时候直接用开水焯一下，捞出来加点酱油调一下就可以吃了。但是我吃得次数并不多，因为平时总是要优先给家里养的动物们吃。"野芹菜"也并不多，后来就越来越少了，现在根本就没有了踪影，甚至小时候的那些河沟早已经不见了。

还有一种野菜叫做"落莉"，"落"发 lào 音。时至今日，提起这个名字，我的脑海里仍会马上闪现出它最大的特点——那种粉色、紫色错落在一起的色彩。"落莉"可以长得很高，茎也可以长得很结实、很粗。我们总是采它尖部比较嫩的地方，猪、羊、鸭子、鸡都爱吃。但是不能吃多，要少吃。母亲告诉我，无论什么动物，人也是一样，如果吃多了就会肿脸，而且会拉肚子。用她的话说，因为"落莉"里边含的硝多。当然，那个时候我也不知道硝是什么，但牢牢记在了心里。

"苦麻子"也是很受猪、羊、兔、羊等动物喜欢的野菜。我在小时候也吃过，直接用水洗洗，然后蘸着家里做的大酱吃，稍有些苦味，但有些脆还有些微甜，与大酱味道融到一起，味道算是不错的。挑"苦麻子"的时候，会从它的根处流出一些白色的汁，粘到手上特别黏，而且不容易清理。所以每次挖到它，回家时手上总是黏黏糊糊的，还黏着一些沙土。母亲说，这些白汁是"苦麻子"最有营养的东西，动物吃了会长得快，有精神。

现在，城市农贸市场中"蒲公英"似乎成了热销菜。每到5月份，在我家附近的菜市场就会冒出很多人卖"蒲公英"，价格比普通菜价还要高。一位专卖"蒲公英"的大爷说，他的亲戚现在专门种这种菜，他指着那些又大又粗的"蒲公英"说"都长成这样子！"问题是，这些人工种植的"蒲公英"依然受到人们的欢迎。但在小时候，我并没有觉得它是一种好的野菜，只是挖来给猪炌食的，或者给羊、鸡吃的。有一次去医院看医生，医生对我说，你肾有结石要多喝水，有条件的话煮些"蒲公英"水喝，可以利尿，有好处。原来如此，"蒲公英"是很好的中药，怪不得现在城里的人特别中意它。

猪食野菜可以填饱肚子，但不能尽快长膘，长膘需要更多有营养的饲料，但是那个时候没有现在的猪饲料，父母可以给猪喂的最好饲料就是"白薯干"。这是一种用红薯做的片状的东西，虽然在我的脑海里似乎还印着"白薯干"的样子，但是对如何制作和使用它却没有什么印象。父亲说，我们小的时候专门有一种用来铡白薯干的小铡刀，叫作"白薯铡刀"，把白薯铡成一片片的，然后在房顶上晒干，再储藏起来，适当的时候用粉碎机粉成面。给猪炌食的时候，先把菜烧好，开了之后再加入一些白薯干面，和好之后就可以了。父母说，他们也吃过白薯面做的"白薯干馍馍"，当然，那是"挨饿年代的事了"。

父母后来再也没有养猪，我并不知道原因，可能在父母看来，靠养猪是不会发家致富的，养殖水貂才是主业，于是他们把脱离贫苦生活的希望完全寄托在那种小小的动物身上。那个猪圈也就用来做别的事了，当然后面我们还会讲到关于这个猪圈的故事。

七、鸭子养殖

在我的印象里，养鸭子的那一年，我和弟弟几乎没有吃过几个鸭蛋，但是母亲会偶尔给我们用碗蒸鸭蛋羹，那种好吃的感觉至今让我回味。有时鸭蛋产得少，母亲舍不得给我们蒸鸭蛋羹，但煮个鸡蛋或者蒸个鸡蛋羹也是一件很美的事，我和弟弟都觉得好吃。父母也为此而自豪，他们的想法是，无论有多大的困难都要最大限度地保证我和弟弟的营养。我知道，他们最希望我们能多学点儿知识，能通过学习出人头地。为了保证我们的营养，母亲总在想办法，即使那些办法看上去有些"土"，或者说不科学，但没有什么能抵得过母亲对我们的爱。如她在挤羊奶时，会留一点给我们蒸着喝。虽然很难描述喝羊奶的具体感觉，但是仍模糊记得膻气的味道有点大，咽下去的时候又觉得很舒服。当我们一起谈起这段往事的时候，父亲说他已经记不起鸭蛋的蛋黄和蛋清的样子了，那个时候只想着孩子和貂，没吃过也没有什么印象。

鸭子是怎么来的？我和弟弟对此都没有什么记忆了。只能从父母那里获取一些信息。养鸭子是为了更好地把貂养好，这一点没有疑问，也是父亲思来想去得到的一个结论。他要用鸭蛋保证水貂的营养，提高水貂抵抗自咬病和其他疾病的能力。至于为什么不养鸡，好像答案不是十分清楚，父母也都说不出具体的原因。可能是因为鸡在貂棚里乱刨土，跳来跳去，甚至飞到貂笼上。貂棚里被搞得一团糟，貂也休息不好，受孕母貂也容易受到惊吓，有时貂也隔着铁笼咬到鸡，显然在一个院子里，养貂和养鸡是不适合共存的。后来家里就只养几只鸡，而且要关起来，再后来就不养了。相对来说，鸭子要更安静一些，不会捣乱，蛋的营养也好。父母商量好养鸭后，就去新集镇的大集买鸭。

大集是农村最热闹的地方，在那个时代更是如此。那时我们村里还没有集，附近最大的集就是新集镇的大集。那里是农村各类东西交易的场所，也是人们的公共活动空间。那个时候，只要家里或地里没有活儿，一家人中，总要有一个人去集上看看，有条件的就买些东西，没有余钱的只是去看看，感受一下氛围，当然，赶集能够卖点儿家里产的东西换些钱，再给家里的孩子买点儿吃的玩的小东西，那便是非常好的一件事。即使没有时间，甚至要去下地，有些人也要起大早先赶集，回来后再去下地。记得隔壁的叔叔经常这样，他从集上回来的时候，天刚蒙蒙亮。

父亲和后庄的几个人一起来到集上，直接到卖家禽的地方。我们通常称那种地方叫作"牲口市儿"，意思是各种家畜交易的地方，凡是农村中有的牲畜，那里一般都会有买卖的，牛、羊、马、驴是常见的，鸡、鸭、鹅也是几乎每个大集都会有的。父亲看到了一个平板车，车周围用围席——我们经常叫作"苞米圈"，多是用高粱秸秆做的，里面全是鸭子，大约 30 只。父亲并不认识那个卖鸭子的人，他说不想养了，全买的话要便宜很多，父亲主要想知道产蛋的情况，那个人保证这些鸭子都产蛋，并补充说，不养的原因是把村里别人家的庄稼给吃了好多，不好管理。这一点应该是确实的，父亲也不怀疑。因为作为农村人，我们都了解这些家禽的习性，吃庄稼并不是它们的错。父亲当然没有把这当作一个问题，所以谈了几分钟后就把这些鸭子都买了下来，那个人直接用自己的平板车把这些鸭子送到了家里。

鸭子是喜欢聚群的家禽，只要大家都在一起，就不会有乱跑的情况。如何喂养这些鸭子，这并不是问题，甚至在去买之前，父母已经商量好了。前两次，父母用两个长木棍赶着它们来到了西边的小桥边，桥南桥北都是水塘，长着高高的水草，可以说"水草丰茂"。高高的水草中隐藏着各种水鸟，每天傍晚时分，各种各样的鸟一起歌唱的感觉着实让人陶醉。后来，我在赶鸭子的时候，还经常发现建在水草中的鸟窝，也吃过从那里捡的鸟蛋，也捡到过小鸟，不过，母亲又让我把拿回家的小鸟送了回去。

那时我家西边那一面还没有建起红砖墙，一道简易的用高粱秸秆夹起来的"栅子"（当地话称为"zai 子"，也就是篱笆），从边上留出一条缝，鸭子们就从这道"鸭子门"进出，然后再用一扇简易的门把那里挡住。出了"鸭子门"再往西走就是田地和水塘。

一条水渠从我们家的后面由西向东延伸开去，它是大片田地灌溉的重要渠道。这条大渠高出地面 1.8 米左右，渠体是用水泥修建的，西起村西的滦河，东至周边几个村最远的田地，全程约 15 公里。滦河距我们家约 2 公里，从滦河大渠的起点到我们家，要经过许多小河道，这样由远及近就出现了我们当地人所说的"大桥"和"小桥"两座桥，它们也是整条大渠上唯一的两座桥。"大桥"大约有 50 米，跨越的是汇入滦河的一条大的支流。"小桥"大约 30 米，跨越在距我家 300 米的水坑上，当然，那里不止一个水坑，而是好多个连在一起、弯曲着由北向南形成一条南流的支流，并一起汇入滦河。两座桥都是呈东西走向。它们都和我们的童年有着密切的关系，对我和弟弟来说，和小桥的关系要远远强于和大桥的关系，其中除了放鸭子的原因之外，还有我们在小桥捕鱼的经历。

小桥南北的水坑面积比较大，也有很深水的地方，蓄水量也不小，水草长满了坑边和周围的湿地。有了前两次的经验，那些鸭子仿佛记住了路线和地点，第三次母亲把它们放出了家门，它们就不约而同地涌上了大渠，径直沿着上面的小路向着小桥跑去。这样，从早上天一蒙蒙亮到傍晚太阳落山一整天，我们都不用管它们。早上是它们自己去，晚上也是它们自己顺着大渠小跑着回家。小桥周围丰富的食物完全可以满足它们的进食需求。不过，回家后，有时母亲还是要给它们拌一些玉米料，加上一点儿菜叶或者萝卜丝，这样就能让那些没有吃饱的再补一补，能增加产蛋量。

鸭子产蛋一般是在早上天亮时，开始时放它们去小桥的时间太早，很多蛋都产在了小桥附近的水草里，所以刚开始那几天我们在鸭圈里的蛋很少。知道了鸭子产蛋的规律后，父母就有意把放它们出去的时间往后延，早上 8－9 点才放它们。开始时，有带头的鸭子使劲在圈里叫，好像在抗议一样，但后来也适应了，它们知道叫也没有用，就干脆老老实实地在圈里下蛋或者玩耍。不过似乎有些鸭子喜欢把蛋下到水坑里或者水草里。没有办法，我们每过两天，都要到小桥那里去寻找鸭蛋。

在鸭子们回家的路上也出过状况。父亲说，有一次喂完貂，天已经黑下来了，可是鸭子们还没有回来。于是他和母亲就赶紧去找。在离家不远的田地里，找到了鸭子群，但是它们三五成群地躲在不同的地方。那次丢了 2 只鸭子。父亲说，它们回家的时间有点儿晚了，路上可能遇到黄鼠狼或者其他野生动物，它们被冲散了。在那次之后，如果时间稍晚它们还没有回家，我和弟弟就去接它们回来。

关于接鸭子回家的经历，有一次令我的印象特别深刻。到了回家的时间，可还是没见鸭子们的踪影，父亲就让我去小桥附近看一看。我跑到了小桥，不断地喊着"鸭鸭——鸭鸭！"有几只在水草里回应了我。我下了大渠，又下了水，在水草里钻着去找它们。它们发现了我，开始往水坑外面走，我走上岸，就在这时，我感觉到有什么东西擦着我的耳朵飞了过去，我摸了摸耳朵，手上沾了好多血。这时我意识到，有人在水坑的对面打气枪。我急忙大喊，告诉他们不要再开枪了，差点儿打到我。对方没有作声，也没有再开枪，当时我并不知道它们是在打鸟还是在打鸭子，直到现在我也不知道开枪的人是谁。后来，家里的羊也被气枪子弹打中过，那种子弹是铅做的，我们叫作"铅弹"。虽然那颗子弹没有要了羊儿的命，但它走路受到了影响，也应该很疼。直到它走路时一瘸一拐的，我才在它的腿上发现了子弹孔。

从那以后，父母再也没有让我们在傍晚的时候去找鸭子。这件事以及鸭子几次不能按时回家的事可能影响了父亲的想法，仅仅一年之后，他就决定不再养鸭子了。按常理来说，这些其实并不能左右父母的决定，因为他们开始时就想到了一些困难，做了准备，甚至做了更坏的打算。鸭子们后来的产蛋量也不错，水貂一直吃着鸭蛋，带来的好处应该是明显的，为那一年水貂养殖的成功做出了贡献。我想，他们之所以做了放弃鸭子的决定，还在于另一件更具影响的事情。

小桥周围除了水坑、水草地之外，还有大片的庄稼地。桥南面主要是马踏店村的地，背面的以坑渠为界，东面的是我们村的，西面的是尖角村的。父母曾经担心过鸭子会祸害人家的庄稼，但是几次之后，发现这些鸭子还比较懂事，只在水坑里和水草里，也有可能那里的食物太丰富了。父亲放松了警惕，而且他也没有心思整天惦记这种"只是风险的事"。天气转凉之后，小桥周围的食物减少了，鸭子们在找食物的过程中，终于"犯了错误"。

父亲说，被鸭子们吃的小麦苗是尖角村的，主家是一所学校的老师，大家都叫他"胡老师"。具体吃了多少，父亲也说不上，但当有人来家里告诉父亲时说吃秃了一片。父母跑过去，气得不行，绿油油的麦苗已经被吃了一片，还好看到的人已经把鸭子们赶走了。后来父亲说，应该有半亩地左右。胡老师也赶来了，看了看情况，也没说啥，甚至一句埋怨的话都没说。父母觉得对不住人家，连连给胡老师道歉。胡老师说："没啥，影响不大，能长起来。"直到现在，父亲还时不时提起胡老师，话语中充满着由衷的感激之情。父亲说："胡老师真的是个好人，咱们自己都觉得过意不去，人家连一句不好听的话都没有说！"

有一次在家里提起这件事，我说想去看望一下胡老师，父亲说他已经不在了，活了九十多岁，算是高寿。他说，这就是好人好报啊！

这件事对父母的影响还是很大的。他们商量了一下，过了几天就把这些鸭子卖掉了。买的时候他们是整车买来的，卖的时候也是整车卖掉的。我问他是不是赔钱了，他只是说，那个时候就不考虑这个了，没有办法。父母记不清赔了多少，但是一只也没有留。卖的时候，人家问为什么都卖了，父亲说，鸭子糟蹋了人家的麦子。这个话和父亲去买的时候，那个卖鸭子的人所说的几乎是一样的。这样，在父母的手里经转了一下，这些鸭子又流转到了另外一家。我曾想，为什么父亲买的时候没有考虑过破坏庄稼的话呢？显然，父亲是考虑过的，但还是买了。或许有时候，面对这些家养动物的时候，许多非理性的因素会影响到人们的选择。

养猪的经历并没有给我们的生活带来太多波澜，但是因为养猪，家里的猪圈却成了院子里的一处重要的地方。上面不但可以晾晒玉米、豆子等粮食，里面还可以存放一些东西，防止被雨雪淋到。不过，有了鸭子之后，猪圈的用途就更为重要了。为了让鸭子有一个安全、舒适的地方，父母决定把它们放在猪圈里，这样还可以在院子里省出地方，这是个两全其美的办法。就这样过了很多天，效果不错。从圈里打扫出来的东西就直接放到水貂粪堆上，貂粪里加入了鸭粪，成了复合有机肥。父亲说，还有一件重要的事，应该也要感谢鸭子。

家里养的水貂数量多了，就有人"惦记"上了我们家。父亲这话的意思是，有贼盯上了我们家，目标应该就是水貂。第一年赔了钱，所以第二年是咬着牙养貂和鸭子，家里根本就没有钱，又没有别的什么值钱的东西，所以要偷也只能是偷水貂了。但是那个年代，几乎家家都养着家犬，所以想大摇大摆地去偷东西是不可能的事。我们家当然也养了家犬，但是看家护院并不只是它的责任，也是鸭子的责任。

关于这件事，在我和弟弟的脑海里并没有什么印象，只知道家里养过好几只家犬，而且它们都很好，很忠诚。父亲推测，来的贼可能并不知道我们家的家犬拴在哪里，所以不敢轻易翻进院墙。于是就从墙外向我们院子里扔了两根苞米秸秆，不巧，正扔进了猪圈。当时大约是凌晨 2 点钟。父亲说，小偷喜欢这个时间段，人睡得沉，家里几次遭贼都是这个时间。这个时间段正是家犬集中精力看家护院的时间，所以贼扔玉米秸秆的举动相当于投石头问路。虽然犬没有叫，但在猪圈里的鸭子可一下炸了锅。父母被鸭子高亢的叫声惊醒，父亲拿起手电筒就从坑上跳起来跑了出去，小偷就这样被吓跑了。

鸭子立了功，但是仍抵不过父亲内心对胡老师的愧疚，即使父亲知道胡老师不在意那些庄稼，而且也不会对收成产生太大影响，但是那些鸭子是自己家的，吃人家庄稼总不是好事，总是欠了人家什么。

这些鸭子离开了之后，家里似乎一直也没有再养，我和弟弟便更难吃上鸭蛋了。父母更是如此。即使在当时有那么多鸭子，有时一天能捡近 30个鸭蛋，但他们却没舍得吃过一个。当然，我们那时从来没有宰鸭子吃肉的想法，更没有这么做过。至于这是为什么，没有人考虑这个问题，也没有人问，甚至也没有人觉得这是一个问题。那个时候养的鸭子仿佛就是家里组织模式中的一员，养鸭子就是为了获取它们的蛋，而那些蛋则是有专门用途的，从来没有人为了自己吃鸭蛋而去养鸭子，更不要提吃鸭子肉了。

2023 年的暑假快要到了，没有了疫情阻隔，我想回村里多住些日子。我把这个想法告诉了父亲，他并没有太多表示，只是说不要影响了工作。又过了几天，我再打电话，父亲说家里 6 只鸭子和 2 只鹅的蛋都留着腌上了。他在那里边说边算着时间，计算着到什么时间我和妻子、孩子从那里返回咸阳。我问他原因，他说看什么时间鸭蛋腌得最好，这个时间就是我们带上那些鸭蛋返回陕西的时间——时间太短腌得不透，但腌得时间过长，又会太咸。

我和弟弟陆续在外地安家，父母不愿离开他们的村子。他们把家里的地都让亲戚去打理，每年只要给他们一点够吃的粮食就可以了，他们觉得这样挺好的。于是，家里就又有了鸭子和鹅的叫声。他们每天的主要事情

就是给这些鸭子和鹅准备吃的，父亲要骑着自行车到西边找些野菜和捞些
哑草，母亲则负责剁菜，还要每天添上几次水，再拌点儿玉米料或者给点
玉米粒，日子就这样充实地过着。父亲每过几天，还要向我们的家庭群里
发一下鸭子和鹅的视频，我们都会在群里回应："长得真好，吃得也好，
肯定能下蛋！"

　　说到下蛋，其实只是父母的一种期盼，他们仍然不舍得吃。而且，父
亲血压高，母亲有脑出血的后遗症，医生说要少吃蛋类，有时我还叮嘱一
两句，可是，他们本来就不舍得吃，那些叮嘱虽是为了他们好，可是却没
有实际的意义。

　　父亲说，买了一百斤料，已经吃了一半儿了。我说不要省着，该怎么
喂就怎么喂，这样才能多下蛋。父亲说："不用省啊！还省什么呀！我和
你妈一年领国家给的各种钱，都快1万多了，你说咋花，再说，我和你妈
也不会花钱！不像人家别人，我们不会花，你说有啥办法！"

八、奶羊养殖

没有了猪，也没有了鸭子，该怎么办呢？这种想法实际上是父母关于如何保证把貂养好的一种担忧，另外还要支撑家里的需要，甚至要实现发家致富的目标。我总是感觉到这种想法是那样自然，那样合情合理，如果没有貂，我们不会过上宽裕一些的日子，不会有父亲的荣誉，不会有父母和我们脸上的笑容。基于这种发自内心的渴望，父母把目标定位在了羊的身上。

在那个年代，好像绵羊还很少，整个村子也看不到几只。不过，后来不知道从什么时候开始，村里养的山羊逐渐被绵羊取代了。至今我还记得有一种绵羊叫小尾寒羊，村里有几个人放羊，在羊群里这种羊显得格外突出。据人们说，这种羊是新品种，个子高，长得快，出肉率高，毛还能卖钱，是致富的好帮手。我感觉这话是真的，那种羊确实长得很快。不久，村里多出了几户专门放羊的人家，小尾寒羊也成了绝对的主力。我并不知道村里的那么多山羊是怎么慢慢变少的，后来我想，可能和对羊奶的需求量有关吧，因为我们那个时候，主要就是挤羊奶，从来没有吃过羊肉。后来我知道了羊肉很鲜美，甚至比猪肉好吃，还可以滋补身体。可是，即使那样，我也从来没想过要把自己家里养的那几只羊吃掉。这种感觉是那样自然，好像我需要它们支撑我们的家一样，而不是把它们当作我们要吃的东西。

据父亲讲，家里养羊最多的时候有 5 只奶羊，那时可能也是家里养貂最多的时候，在 20 世纪 90 年代初，家里开始养殖狐狸，也有羊的功劳。这些还要从家里买羊开始，新集镇大集的牲口市里有很多卖羊的，但是父亲连着赶了两个集，才选了一只不错的奶羊。

据卖羊的人说，那只羊产奶好，而且只有 2 岁，正是出奶的好时候。父亲开始时并不太懂，但他问爷爷，又向大姑奶和队里的人请教，掌握了一些判断奶羊好坏的方法。2 岁的奶羊正是出奶的时候，另外还要看奶羊的乳房和奶头。这只羊个头不大，看起来有些胆怯，不停地向左右张望着，看起来很健康。这只羊乳头很大，至少比普通羊的要大一些，摸上去也有弹性，也不像大姑奶提醒的有意憋奶的情况。父亲当即决定买下来，这只羊也就成了我们家的第一只羊。卖羊的人似乎很在意这只羊，父亲给了钱要牵走时，他还不停地抚摸，嘴里说着这只羊有多么听话，出奶有多好之类的话。我想，肯定是有某种重要的原因，让他不得已放弃了这只羊。

羊买回来了，但放到哪里呢？既要适合它的活动，也要根据院子情况，尤其要考虑貂棚情况。最后，位置选在了院子的最南端。这个地方紧挨着猪圈，猪圈在院子的西南角，我们就在东南角上搭起了一个简易的"羊圈"，其实也谈不上是羊圈，只是利用南面的墙和东面大姑奶家猪圈的西面墙，在上面搭了一些木板和石棉瓦，并把一些几乎破碎的塑料压在中间，这样既能挡住强烈的太阳光，也能起到一定遮雨的作用。后来羊多了，几只羊挤在那里，每两三天就要打扫一次卫生，要不然那里会特别潮湿，一旦潮湿，奶羊就容易受潮生病。不过在我的印象中，家里养的羊并没有因为棚圈问题而生病，因为父母和叔叔总是每过几天就打扫一次。

给山羊喂草，把草直接放到地上就可以，唯一不能放到山羊的尿和羊粪上，山羊多数时候是不会吃的，或者吃上两口就不吃了，它们对此特别挑剔，我想不只是因为脏的原因。当时家里有两个有些破损的铁盆，一个用来给它拌饲料，另一个用来作它的饮水器。

爷爷家院子的东隔壁是一家叫"太太"的人家。太太有两个儿子，小儿子和他一起住，大儿子分出去了，分别叫作"老爷"和"大爷"，"老"是排行最小的意思，"大"指的是排行最大。老爷是个爱学的人，虽然和父亲一样，也是小学文化，但是爱钻研，喜欢在心里琢磨事儿，父亲他们那一代农民，好像都有这个特征，虽然总是默默无闻，但实际上他们并不甘于平庸。

老爷会各种手艺，木匠活尤其好，这些本领都是他自学的。老爷还给我做过一个古式的笔架，两端都是雕刻的龙头，非常好看。当时我根本没有见过用来专门挂毛笔的笔架，父母可能也没有见过。我左看右看，觉得特别精致，特别新颖。我想，老爷有这么好的本领，这是下了多大的功夫才能学到和练好啊！一种敬佩的情感从内心中生发出来。所以每次做事，老爷隔着墙喊我，我都愉快地答应着去帮他完成。老爷总是很友善，见人就爱说爱笑，甚至和我们这些八九岁、十几岁的孩子也是如此。老爷有一个爱好，就是喜欢吃肉，而且最爱吃肥肉。记得我们小的时候，每到过年，他都让太太蒸一碗肥肉，然后一口气吃掉。后来，老爷家的日子过得也好了，吃肥肉对他来说便成了家常便饭。他说吃肉吃得经常头晕，甚至到呕吐。我不清楚他说这话的时候内心是如何想的，是警惕还是自豪。不久之后，他就得了脑出血，不到一年时间就离开了。大爷住得离我们家远，所以也不常见到，印象并不深刻。但听老爷和其他人说，大爷也有很出色的本领，可以算是村里最厉害的会计，珠算尤其了得。

除了家里的土地，老爷一生经营过许多行当。他看到村里养奶羊的人家在增加，村里母羊多了，但缺少公羊。要想配种，村里人就要去集上，或者到别的村子。俗话说："母畜好，好一窝，公畜好，好一坡"。优良的种公羊是奶羊养殖不能少的，老爷看到了这一点，就从外地选购了两只优秀种公羊。是不是优秀，我们并不清楚，但老爷说是好种羊，许多人相信他的观点，当然也包括父亲。一大清早，老爷就把这两只种羊拴在南庭院的门外，自己坐在那里观察。过往的人们总时不时过来看看，互相之间聊上几句。

老爷说，他学的和他观察到的是一致的。听他讲述时，我觉得他把全部的心思都放在了这两只羊身上。它们看起来非常结实，如同小牛犊一样，胸深而宽，背部比普通奶羊更平更直，背毛粗长而且闪着光泽。它们看人的时候，都显得有一种傲气。为了让这两只种公羊有良好的状态，每天清晨，老爷就让它们运动，或者在自己家的院子里，或者牵着到西边的田野里。

第一年，老爷的生意特别好。很快，我们这只羊也发情了，我们让老爷看了一下，他说过两天再看，最后他让父亲在一个大清早牵着羊去了。母亲那天凌晨5点多从炕上起来开始收拾东西，准备烧貂食，父亲就牵着羊出发了，还好路程是很近的，大约只需走5分钟。我问老爷为什么要这么早，他后来和我说，这是山羊配种的规律。听了这话，我还以为所有的山羊都是在早上配种，因为我们家的貂都是这样的，每次父亲都是天还没有亮就开始收拾着做水貂配种的事。老爷却说："早晨发情的，要在傍晚配种，下午发情的要在第二天的大清早。"父亲回来后，说明天还要去一次。这叫作复配，老爷说这样可以提高受胎率。

后来一有时间，我就常跑去看老爷的种公羊，还经常看到老爷给它们两个梳理身上的毛发。有一次还看到他给其中一只羊剪趾甲，我就说老爷对羊可真好，他笑笑说，种公羊配种不修好蹄子，会影响配种，甚至会伤到母羊。

再后来，当老爷开始买种公牛对外配种的时候，我才知道，好像那两只羊并没有给他带来多少利润，主要原因是两只公羊的成本高，饲养得好，而村里的母羊也不是很多，尤其是他收费很少，有的甚至不给钱，给他两颗菜就拉倒了。他说，实际上，如果只有一头公羊，可以一天配种两次，如果母羊多，4次也是可以的，只要注意休息好，把握好度，应该是没有问题的。

我们家的那只羊，产了两只小羊，而且都是母的。产羔羊的时候，先看到了羔羊的两个前蹄，再看到了小羊的嘴和鼻子，等到头顶露出来，一个小生命来到了这个世界上。老爷靠近母羊，用手摸了摸它的下腹，说还有一只。过了大约半个小时，第二只小羊也出生了。

直到现在，我依然觉得刚来到这个世界的生命是脆弱的，需要百般呵护，可能是环境造就了这种感觉，也可能是内心中对幼小生命怜爱的本性让我们不假思索地完全置他们于襁褓之中。可是，在面对那两只刚出生的小羊时，我觉得它们非常坚强，让我体悟到生命力量的强大。母亲说一定要让小羊吃上奶，如果吃不上奶，小羊的体力就会很快耗费掉，后面就会有危险。那个时候，关于喂奶粉的意识还很少，甚至根本不会想到除了自己母亲的奶水还可以用奶粉补充，而如今，谁不知道奶粉呢？我的孩子降生后，在头几个月里一直在补充奶粉，虽然，从医生到护士，再从网络上的信息，我们都能从中确认母乳是最好的。对小羊来说，这个道理同样适用。母亲说，在小羊出生后的一周内，母羊的奶是最强的，不但营养丰富，而且能清除小羊体内的胎粪，让小羊从母体环境适应外部环境。

即使刚从胎衣中挣脱出来，身上仍是湿漉漉的，还没有吃上奶，小羊不停地挣扎着自己站起来，虽然脚步蹒跚，但依然努力靠近母亲去尝试着自己吃奶。我在旁边用手轻轻地、试探着抚摸着它们身上刚刚变干的洁白的毛发，这是一种很奇特的感受，仿佛一下子我对生命的理解有了一种通透的感觉。它们都很快吃上了奶，我和弟弟高兴地跑着去告诉大人，可父母并不以为然："吃上奶是正常的，它们必须这样！"或许在他们看来，羊与人一样，从小到大经受考验是生活的一部分。

为了获得更多的羊奶，父母需要更早给小羊断奶。为了达到这个目标，他们在地里种了许多萝卜，减少了大白菜的种植量。母亲用"擦梭"把萝卜擦成细丝状，再拌入一点儿玉米料，喂给母羊和小羊。此时，母羊需要补充水分，母亲让我们每天给它饮 3—4 次清水，并且要在水中加入一些麸子皮和食盐，这样可以更好地补充营养和体力。小羊也就跟着吃，开食越早，补饲得越好，越可以提早断奶。我学着母亲的样子使用"擦梭"，手指头还被擦出了血。"擦梭"是马踏店村的方言，指的是现在所称的萝卜、土豆的擦丝器，或者叫刨丝器。有了血的代价，我很快学会了如何使用擦梭，随之我也就专门负责所有羊回家后的补饲。在傍晚的余晖中，我看着几只羊吃着盆里的玉米料萝卜丝，心里美滋滋的。

大概过了 7 天，我就把小羊和母羊一起带到外面吃草了，一个多月大时，我们就给小羊断了奶。那个时候，羊奶的质量是最好的，所以父母特别珍惜，总是把这时的羊奶给那些虚弱的种貂来补充营养。

挤羊奶是一项技术活儿，但对村里的大人们来说，这仅仅是没什么难度的日常生活的一部分。这里几乎家家要养羊，我想原因肯定少不了给水貂吃羊奶，因为那时在马踏店村里，几乎家家都在养貂。当然，也有人专门养奶羊，平时可以卖羊奶，过年时卖羊肉，如果有急需，也可以到集市上卖掉一些羊。我还记得，当时村里有好几家人给我们家里交羊奶，父亲称重后，就记到本子上，到年底时一起结账。但收羊奶的费用大大增加了水貂的饲养成本，所以在收了一段时间之后，父亲就停止了。村里人家的羊奶大多数也就由自家消费。父母把羊奶的主要供给转向家里的几只羊，在这种转变中，我也学会了挤羊奶。

羊的数量到了三只以上，父母就没有时间专门挤奶了，毕竟五六百只水貂让他们很难抽出时间。所以，我和弟弟就必须为他们分担一些，要尽量多做些事。我们首先要学的就是挤羊奶——那是一段奇妙的过程，当然我和弟弟也获得了羊奶的滋养，母亲有时会专门给我们两个煮一些，偶尔也会在蒸鸡蛋羹时加入一些，那种味道很特殊，有一种特别的诱惑力。我们学习的过程并不顺利，虽然每天都和它们打交道，但是由于手上用力方式不对，总是会遭到羊的"反抗"，它们会把后蹄子抬起来，对我们那只挤奶的手进行"攻击"。我们都有过奶盆被羊踢翻的情况。母亲说，由于我们的手法不对，在挤奶的时候可能弄疼奶腺了。于是，我和弟弟就认真去抚摸每只羊的乳房，感受它里面的结构。虽然它们并不完全一样，但是我们发现了乳头向上部位的一些特点，而那里正是我们挤奶时用手抓住并用力的地方。

挤羊奶的学问多，而且还要不断地练习，这是我最早知道的道理之一，它也启发了我做任何事都要仔细，都要不断地练习，至今仍是如此。开始时，我和弟弟只能挤很少的奶，然后就挤不出来了，仿佛奶羊的乳房里也没有了。母亲告诉我，我们挤的方法不对，所以出奶少。然而，她挤奶的方式，我们刚开始时是学不来的，因为母亲总是两只手同时挤，一次就能挤完两个奶头。我和弟弟挤时，位于羊的一侧，用右手挤，等挤得手累了甚至抽筋了就换左手，这样轮换着进行。后来，我们也学会了用两只手同时挤奶，只是没过多久，家里就不再养奶羊了。

出奶少一点儿并不是什么大问题，父母并不太在意。他们总是说，既然养了就好好养，所以他们也从来没有因为哪只羊出奶不好而生气，也不会少给水和补饲。"本来奶腺就不好，如果饮水少、饲料少，出的奶就更少了！"这是父亲常和我说的，所以我每次都无差别地对待它们，甚至有时在"迷羊"的时候，有意把食物更多的地方分给出奶少的羊。"迷羊"是我村子里的方言，指的是用绳子拴住羊，另一头用铁锥子插到泥土里，这样羊就可以在不乱跑的情况下吃草。那个插到泥土里的铁锥子，村里方言叫作"羊橛子"。

乳腺炎不但会减少出奶量，还会伤害羊的身体，所以父母对这个病很在意。有一天我去挤奶，那只出奶好的羊总是躲着我，不让我靠近，每当我一碰乳头，它就警觉地又踢又跳。母亲轻轻地抚摸它的背和头，此时我看到乳头上有一些如同黄脓一样的东西，整个乳房也像注了水一样，紧绷着。虽然我从它的双眼和面部表情上察觉不到什么，但是我知道，它一定很难受。母亲用热毛巾缚住它的整个乳房，然后在外面涂了一些膏药。随后几天，母亲都这样给它治疗。慢慢地，症状减轻了，乳房上的肿块明显小了许多，虽然挤奶时偶尔还会出一点黄脓，有时还带些血，但是这只羊的精神明显好多了，身上也没有那样热了。母亲说，可能前几天下雨时这只羊受潮了，也可能那几天太阳光少，羊圈里细菌多，感染了。我感触很深，以前在课本上看到"牛吃进去的是草，挤出来的是奶"，没想过羊也是，对人来说羊是一种善良的动物，它们也需要人好好地照顾。从那以后，我和弟弟每次挤奶，都要先用热毛巾给它们擦一下乳房。

在给羊割草的过程中，我和村里的长辈们有了进一步接触，这样的结果其实是可以想象出来的。每天放学后，我的第一件事就是拿起镰刀和大袋子去给羊割草，我们当地话叫作"鱼鳞袋"，以前我以为这种袋子是专门装鱼粉的，不过慢慢发现，那些装化肥、饲料什么的袋子，大人也这么称呼，应该是对这种纤维编织袋的统称。据母亲说，我当时对这件事做得非常投入，以致总是把复习功课放在晚上。我也保存着这样的记忆，有些还十分深刻。几乎每个家庭都有牲口，没有羊，也要有牛、马或者驴，因为它们是生活必需的，在那个时候，绝大多数家庭还是要靠牛、马或者驴下地干活和往家里运粮食。那个时候不需要打农药除草，路边、田里的各种草都能被人们割光。为了能割到羊爱吃的草，我越走越远，钻到玉米地、高粱地里，还有地垄边上的深坑里找，弄得满身都是玉米、高粱叶子上的绒毛，这些东西被身上的汗死死地粘到身上，全身就痒起来。但这些似乎并不是什么大问题，在我的印象中，我和弟弟从来没有因为这样的"苦"而退缩，甚至根本没有和父母提过。

记得在假期的时候，我大多选择在下午3点左右去给羊割草，5点多回家帮父母打貂食和喂貂，顺便把迷在外面荒地或水坑边的羊带回家。回家后，先给它们饮些清水，有时候再喂些玉米料。羊很喜欢喝这样的水，把玉米料吃得也一点不剩。饮完后，我再给它们补充一些我割的青草。上学期间我放学后的第一件事也是先去割点青草，冬天和初春时除外。那时不能走太远，因为要急着回来帮父母喂貂。由于村里有很多大人和孩子都给羊、牛、马割草，所以那时的野草质量并不高，多数时候是去西边的水坑边上随便割一些水草，那些草一般都对羊的胃口。记得有一天，我走了很远的路，在玉米地里发现了一条小水沟，旁边都是优质的青草，并且都是我们家羊爱吃的那种。那些青草看上去又鲜又嫩，叶片还轻轻随风摆动几下，有的还带着一些微白色的嫩绒毛。我抄起镰刀就开始割，由于是连片的，而且地势也还算平整，所以我就用一种快速割草的方法——当地叫作"刷"，有时也叫"片"。这种方法是用右手大幅度挥动镰刀，右胳膊最大限度伸展出去，手腕用力，使劲由远及近挥动镰刀，并且镰刀头要贴近地面，随着镰刀由远及近揽过来，一片片的草就会被揽到左手的位置。这样三四下，就会割掉一大片草。虽然快，但也有弊端，比如右胳膊特别容易酸痛，而且镰刀尖容易伤到左手。那一次，我并没有被伤到，而是受到了惊吓。当我用左手抓住割下的青草时，感觉手里有个东西在动，我马上意识到可能是蛇，于是快速松开了手，一条草青色的蛇从我的手中"嗖"一下窜出去，转眼消失在草丛中。我虽然被吓了一跳，但很快镇定下来，继续割草。

在割草时，经常会遇到村里其他人。大人常使用一种用柳树枝条编的大背篓，我们当地叫作"匜子"（这只是一种发音，去声，具体对应什么字，我们也不清楚）。匜子有两条背带，可以装很多东西，背的时候把两条背带放在双肩上。对孩子们来说，它过于大，而且会对肩膀和背部产生较大的压力，所以多是成年人使用。孩子们一般用"鱼麟袋"，装得不太多，扛在肩上虽然重，但不会有那种明显压肩膀的感觉。每当我扛着装满草的鱼麟袋走在回家的路上，村里长辈看到了都会夸上几句，当然我肯定是先向长辈们打招呼的。

割草的日子虽然充实，但却是艰辛的。那个时候，家里还不算富裕，平时吃的主要是高粱米——我们俗称为"粟米"，米粒很硬，到喉咙里有一种刺嗓子的感觉，做出的稀饭也很难消化。用老一辈人的话说，"吃粟米就如同吃枪砂"。放学回家的我总是遇到忙碌着的父母，我争分夺秒地把迷在外面的羊引回家，然后拿起镰刀和鱼麟袋就去割草，在我看来，这是最有效地利用时间的安排。回家后，再随便吃一口粟米粥，再帮父母喂貂，或者喂完貂、饮完羊后，再去吃粥。每一次，我都有一种痛苦的饥饿感，但是只能咬牙忍着。我对自己的胃病形成于何时没有任何概念，只知道动不动就会肚子疼得要命。母亲说，正是割草的生活让我从小就有了胃病，稍一受饿就会犯病，疼起来在坑上趴着，甚至打滚。虽然几十年过去了，我的肠胃依旧会时不时折磨我。

每到秋后，地里的庄稼，尤其是玉米和高粱收了之后，我们就能够把羊迷到收完粮食的地里。在秋收之前，大片大片的玉米高粱地格外显眼，许多乌鸦和喜鹊在天空盘旋，给人一种很壮观的感觉。因为用镰刀从距地面十多厘米的地方收割玉米和高粱秸秆，所以收完秸秆后，地里会留着玉米茬子和高粱茬子，一些野草也比较多，所以我们会把羊迷在外面，在那里羊儿们就可以自由地吃些东西，也可以享受秋后的阳光。除了秋后，别的时间也会把羊迷出去一阵子，免得羊一直在圈里拉尿，可以保证羊圈的干燥，而且在外面多多少少可以有些吃的。

多数时候，我们要一大清早就把羊迷出去，甚至迷出去之后再拿着奶盆或桶到地里挤奶。这样做的原因是先占到那些食物比较多的地方，要不然就会被别人家给占上了。但是到深秋甚至初冬的时候，就没有必要那么早了，因为这个时候可以迷羊的地方更多，食物之间的差别也不会太大。而且在下霜之后，太早的话草上还沾着露珠，羊是不会吃沾露水的草的。当阳光普照，水汽蒸发，羊们才更愿意出门。

迷羊的时候，我只需要牵着其中一只成年羊，其他的羊就会托着羊橛子随在后面，所以比较省力。收羊的时候更省力，我只需要把羊橛子从泥土里拔下来，几只羊就会一起奔向家中。如同鸭子一样，几乎不需要什么训练，在我的印象中，羊是会认路的。有一次，发现它没有如往常一样向家的方向走，而只是呆呆地站在那里，一动不动。我过去查看，发现它的双眼是血红色，别的地方并没有什么异样，我不知道该怎么做。我尝试用手慢慢牵引着它向前走，唯恐它踩到坑里或者被地里的玉米茬子绊倒。在这一过程中，我觉得自己再次被它震惊到了。它一直睁着那双已经鲜红的双眼，甚至有种鲜血马上就会滴出来的感觉，面部依然如往常那样没有一丝恐惧或者悲伤的感觉。我不忍再看，轻轻地搂住它的脖子，它偎依着我的腿跟着我前进。此后的许多天，它都是这样。它无法再自由地奔跑，无法轻松惬意地吃草，但它一直在尝试着在黑暗中重新获得觅得好草和吃草的技巧。

我虽看不出它痛苦的表情，但是我知道，它肯定在忍受着痛苦，它肯定希望远离这痛苦并再见光明。我看着它静静卧在那里，用嘴巴和鼻子配合着吃草。当它累的时候，就在那里休息，但从来不低下头，或者闭上眼。两只耳朵偶尔稍稍向前倾斜向下，仿佛在思考着什么。当我对它说话时，它会把耳朵再次向上挺立起来，显出聚精会神的样子。我后来问母亲，它为什么在没有吃草的时候还在动着嘴巴。原来，那就是反刍。我对它的这种行为并不陌生，但是当静静观察时，才感觉到有一些特别。

为了消化掉食物，获取更多的营养，它会利用一切可以利用的时间——哪怕是休息时间，不停地咀嚼。这就像我们要想做好一件重要的事，必须反复练习，有种锲而不舍的劲头。母亲说，如果一只羊不再反刍了，那么它就是生病了。羊有四个胃，它们必须相互配合，这样才能很好地完成消化的任务。

后来，由于忙不过来，我和弟弟迷羊和给羊割草会耽误我们写作业的时间，而且我也累出了胃病，父母狠了狠心，在我们去上学之后，把家里的羊都带到大集上卖掉了。

九、捕鱼的日子

从大学毕业到现在已经20年了，每次回到村子，回到老家，我都会沿着家门口的那条路向西走去，好像这种生活方式有强大的惯性。路自然是变来变去的，从泥泞不堪、满是车辙的土路，到现在干净宽敞的水泥路。还有庄稼的种类也发生了变化，从前我们的村子是一个综合产粮村，为何说"综合"呢？因为当时大家的主要精力集中在土地经营上，没有谁会浪费一点点可利用的土地，甚至还有人在一些荒地上主动开辟一点儿新地，这些新地主要集中在西边的小河沟附近。因为水多、地也不少，所以除了冬季里只有冬小麦之外，其他季节都会有各种各样的庄稼。玉米、高粱、水稻、小麦、谷子、土豆、花生、红薯，这些都是我们一出家门就可以看到的。我对村子里何时取消了水稻种植并没有清晰的记忆，只是不知不觉，那些稻田就消失了，分布在稻田中的那些小水渠也被平整成土地了。直到我上了大学，开始用一种审视的眼光看待社会，尤其是用知识的角度去看待和分析一些社会现象时，我才意识到，水稻的消失与水有着密切的关系。

在我小的时候，村子的不远处到处都有水沟，在小桥南北、东西分布着比较大的几个水坑，里面长满了水草，住着各种各样的水鸟。大片的稻田地就分布在这些水坑附近，用来灌溉水稻的沟渠遍布在成片的稻田地里。在沟渠的两端，有两台抽水机器，虽然是很简易的那种，但在当时我们这些孩子眼里，它们已经是很厉害的机器了。村里有人专门负责这两台机器，当需要灌溉时，他们就会启动机器，甚至有时会同时使用两台抽水。当然，也有时候小桥附近沟坑里的水很多，人们只需要用铁锹挖出一个顺水通道，就会有源源不断的水流入地里。正是因为水资源丰富，所以有一段时间，我们村里的大米产量是相当好的，有了些名气。也是因为水多，所以在那些沟渠里和稻田地里，有各种各样的水鸟、昆虫，还有到处跳来跳去的青蛙和蛤蟆。

从大桥向西 700 米左右，就是当地最大的河——滦河。那时候滦河的水很多，在 7 月底至 8 月初的时段，甚至会出现河水泛滥的情况，一条位于大桥与滦河河道之间的拦水大坝就起到了非常重要的保护作用，要不然，我们的村子就如同南套村一样，至少也被滦河水淹上几次了。正是由于滦河水充足，所以就有了从滦河主坝头上开始一直向东延伸十余公里的那条灌溉大渠，当然也就有了跨越河沟深坑的大桥和小桥。据父亲说，建大渠和两座桥的时间是他年轻的时候，应该是他从部队复员回到村子之后。但主导这件事的并不是我们村子的人，大渠平时的管理和维护也不是由马踏店村来负责的，但我们村里的许多土地确实从中受益了。每说到修大渠的事，父亲总是感慨，因为他从这件事里就看到了一位小贾村的村干部的过人之处。当年这位村干部现在已经成为国家重要的领导干部，他不单是小贾村的骄傲，也是我们村，甚至是新集镇、昌黎县、秦皇岛市和河北省的骄傲。平日里，父亲就喜欢说些他年轻时候的事，尤其是修大渠的事，我觉得他除了想用这些事来表达英雄人物成长过程如何不易，还想以此来激励我们，让我们好好学习、持之以恒、坚定做事。父亲说，当时为了修这个大渠和两座桥，要克服许多困难，还要在许多村庄间进行协调，修的时候完全靠人力，我们这位干部当时很年轻，他处处身先士卒，卷着裤腿光着脚在泥土里整天踩来踩去，有的时候甚至几天都不回家，后来他的脚上磨出了许多大血泡，还有一只脚浮肿得很厉害。

我曾在大桥那里钓鱼，因为鱼多，所以对钓鱼设备没有什么高要求，即使简陋的装备，我和弟弟也能钓到鱼。当时，钓鱼也是我们一个重要的娱乐方式。虽然鱼多，但钓到的鱼不多，最多只够由母亲做一顿鱼，我们享受一顿美餐。但过了些日子，我们发现小桥底下有好多鱼在那里游来游去。我和弟弟总结出了规律，因为那里是流水，桥下面的地方又不是很宽，所以在那里就形成了鱼群，水从北向南流着，它们则一群群的，一会儿顺水而下，一会儿又逆水而上。对我们来说，抓鱼的动力是很大的，不仅因为我们还是孩子，不会轻易放过玩的机会，更因为鱼可以喂貂吃。我们从父亲口中得知，给水貂喂的秘鲁鱼粉都是用鱼做成的。有一件关于鱼粉的事，父亲给我们讲过之后，一直深深地印在我的头脑中。有一天清晨，父亲一行三人赶着马车去乐亭县买鱼粉。那时滦河刚刚结冰，快到河中央的时候，冰面突然大面积下撤，差点丢进河里淹死。所以帮助父亲获得鱼粉或鱼粉的替代物，我觉得值得，而且十分有意义。而且我和弟弟也产生了这样的想法：直接给水貂喂鱼肯定比喂加工过的鱼粉要好。眼前这么多鱼，我和弟弟在晚上睡觉的时候，还在商量办法。

后来下了一场大雨，稻田地里的水沟里进了许多鱼，水从沟的一头流向下面的低沉处。村里就有人用一个大筛子在那里截了好多鲫鱼。父亲说，这种方法就是利用水位差来抓鱼，鱼总是喜欢在流水的地方，特别是顺水而下，在下面放一个雹子这是一种类似于筛子一样的东西，可以用各种材料手工制作，然后雹子上面再盖上点儿东西遮挡，就可以抓鱼了，这在我们当地叫作"截鱼"。我和弟弟仔细研究了那个人的方法，觉得很科学，人在一点也不累的情况下就可以抓到那么多鱼，确实是一个好办法。过了些天之后，水位开始下降，小桥下面的水从北向南流得更急了，但是水面却窄了许多。我去给羊割草，有意从桥上向下仔细观察，发现一群群的鱼儿顺着水流来回穿梭。我和弟弟联合了村里其他几个小伙伴，拿上了几把铁锹，在桥下筑起了一道水坝，在村里，这种在水中筑起的坝被称作"埝"。桥南和桥北的水被我们几个人用了半天多的时间筑起来的埝隔开了，一个多小时之后，埝的北面与南面的水出现了 20 厘米左右的水位差。

父亲给我们做好了截鱼用的雹子，骨架用的是做貂笼的铅丝网，上面又铺上了一层纱布。在制作和安装的时候，和弟弟及其他几个小伙伴商量如何才能形成更好的截鱼效果。既要让鱼可以顺水流而下，又要让落入雹子的鱼不能再蹿回去，而且要尽量让雹子盛放下更多的鱼，这些环节都成为我们思考的关键之处。当然，在这个过程中，村里的马大爷也给了我们很多建议，因为他常去我家，所以和我们几个孩子十分熟识。

在我们安装好了之后，有两个年龄较大一点的孩子也来了，他们家距我们家只有五六家的距离，而且在同一条街，我们打了招呼，一起再次加固了埝，并在埝的另一侧开一个截鱼的口子让他们来下雹子。后来证明，开两处流水的地方并不会影响我们截鱼的效果，反而会帮助我们截到更多的鱼。因为水流多，水流快，鱼群的活力就会更强，会吸引更多的鱼来到埝前。大家一起截鱼，虽然有一些竞争，但是整体上对我们都是有好处的。这样也促进了我们对竞争、合作的理解。

　　我们五六个孩子藏在小桥里面，从上向下俯瞰截鱼的情况。在周末只要有时间，我们后庄的几个小伙伴就经常跑到小桥那里，如果能截鱼就截，如果水太大或者没有水流，我们就在小桥上玩。小桥的桥洞里留下了我们大量的童年记忆。

　　在小桥上截鱼时，还有另一件事让我们印象深刻，直至现在我还常和家里人提起。那一天是周六，下着小雨，帮着家里干完活儿之后，我和弟弟就跑向小桥截鱼。那个时候家里好像也没有雨伞，我们经用把盛化肥的袋子折进一个角，做成一个蓑衣的样子，顶到头上当雨衣。那天小桥下的流水并不多，截的鱼也不多，只有零星的小鱼群在那里游来游去。但是我们还是想在那里多玩儿一会儿，也盼望着可以多截一点鱼。远处的天看起来有些雾气，在有些苍白的天底下，显得多多少少有点神秘感。西北方向，远处的柳树林隐约可见。几乎在同时，我和弟弟发现从那片树林中飞出来两个火球，一大一小，仿佛径直向我们飞来，我们有些慌张，急忙蹲下身子藏在小桥的桥洞里。不知过了多久，我们冷静下来偷偷探出头。火球已经消失了，天空中什么也没有留下，远处的柳树林和浓浓的水汽仍旧如前，仿佛刚才什么也没有发生过一样。

　　我们急忙从大渠上返回了家里，把刚才发生的事情告诉父母。父母并没有在意我和弟弟的描述，或许他们认为我们看花了眼，或许认为这很正常，总之没有说什么。但这件事对我们两个孩子的影响是颇大的。现在我们两兄弟说起这件事仍印象清晰，当时的情形也历历在目。那是唯一一次，我亲眼见到速度飞快，在雨水中飞行的火球，而且还是两个并排在一起飞行。从那以后，我的心里经常会问为什么？这促使我想学习更多知识，想看更多的书，这在一个农村孩子的生命中，应该是一个重要的事件吧。所以，即使要用很多时间给羊割草，即使每天要三次帮助父母喂貂，即使有再多的事情要做，我也没有放弃学习知识，没有放弃解开心中的疑问。

　　记得有一年在7—8月的时候，我们截了很多鱼，以至那两个月家里省下了全部购买鱼粉的钱。截鱼成了我们那个暑假里最有意义的事。那年水比较大，根据以往的经验，肯定会有很多鱼。没有等到水位降下去，我们几个小伙伴就开始了挡埝行动。那是一件很辛苦而且危险的事，至今想起来还觉得有些害怕。除了水深、水流大之外，水蛭像幽灵一般不停地攻击我们。每当腿上爬满了水蛭，我们就使劲用手拍打，那种东西只要用力拍打，它们就会把身体收缩起来，从腿上掉下来。不过，当我们发现时，或者腾出手来去收拾它们的时候，它们已经吸了很多血，更有甚者已经钻到了肉里，外面只露出点点尾部。我们边用力拍打，边努力把它们往外抠，导致岸边到处都是血迹。到了秋天，我们要穿秋裤的时候，撸起裤管，我和弟弟的腿上到处都是结痂的伤痕。虽然危险，流了很多血，但我们从中获得了快乐，也给予父母一点点的支持。

在收渔获的时候是格外幸福的，我和弟弟轮流从小桥洞里出来，下水取出罩子里截到的鱼。鱼装满半桶就要提着送回家里。我们两个总是分工完成，每次由一个人去送鱼，另一个人在桥上看着罩子。当然，我作为哥哥，送鱼的机会更多一些。每次十几分钟的路程，经常会遇到村里的人，我和弟弟能捕鱼的名声也因此而传开了。

父母当然很高兴。父亲专门弄了一口原来盛小麦的大缸，里面倒上半缸水，把我们截到的鱼倒进去。这样，当天用不完的鱼就养在那里。那些天，母亲也会偶尔做鱼给我们吃，有时候做鱼酱，有时候炖鱼，也做过鲫鱼汤。早晚天气变凉的时候，我们收获了许多大鱼。每天一大早，我就从坑上爬起来，穿好衣服，提着一个大桶去小桥那里收鱼。回来之后，再帮父母做些事，然后吃些东西就去上学。那种日子既忙碌，又充实。

多数时候，我们截的鱼并不够一次貂食的使用量，只是可以替代些鱼粉，鱼粉的使用量就可以少一些，但我们就已经很有成就感了。村里的长辈们知道了这样的事，总是当着我们的面表扬我和弟弟，这让我们有一种很自豪的感觉。我们也被村里的长辈称为懂事、能够帮助家里的孩子。

每次截到大鱼的时候，父母会选出一些送给村里的人。这些人都给过我们帮助，或者是村里的长辈，或者是平时常见面的左邻右舍。有时，还会让我和弟弟专门去对方家里送鱼。在送鱼过程中，我和弟弟学到了很多人情世故，也觉得很有意义，很有价值。或许除了在学校里受到老师的表扬之外，村里人的表扬就是最重要的一种肯定了。

我曾问过父亲，在他小的时候，会不会也有那么多鱼，孩子们会不会也截鱼。那时，我的头脑里总是想知道发生在我们身上的事，会不会在别的时代同样存在。父亲告诉我，他们小的时候，不但鱼多，而且螃蟹也多，路边的水坑里都可以抓到，甚至在下过一场大雨后，螃蟹就会爬到田地里和泥泞的路上。那个时候的人，基本没有什么抓鱼的工具，只有那些专门以捕鱼为生的人才会有撒网或者钻网。当然，在我们小的时候，也是如此，村里还有几个人专门织网卖钱。不过，即使鱼多，螃蟹也多，但是父母那一代人依然过着极为艰苦的日子。当我问起母亲，为什么村里人不天天吃鱼的时候，母亲只是苦笑。当时我无法体会到这笑意味着什么，母亲为什么那样回答我，毕竟一个孩子的头脑中想象的，难以和现实世界相契合，因为他们总是尝试简单地定义因果关系。

即使有这么多的鱼，村子里除了我们几个爱抓鱼的孩子，几乎没有成年人去那里截鱼。后来村里住进了两家外来户，听大人说是城里的人，有一个年龄大的是退休回来的，另一个年龄看起来并不大，有 50 岁左右。他们不用种地，也没有养殖的事，只是在天气好的时候去钓鱼。但他们总是去远的地方，在大桥的远处，或者去滦河里，仿佛对小桥没有什么兴趣，对我们截的鱼也没有什么兴趣。

在抓鱼的过程中，我们既享受着孩子特有的乐趣，也因给水貂找到了新鲜的食物而高兴，有一种成就感。这样的过程和体验让我们一群小伙伴对那些水坑以及稻田地格外敏感，总是会想到是不是能抓到鱼。现在想来，那时我们仿佛就是在每天都和丰富的水资源打交道的过程中度过的。

记得有一次，大雨刚停，天仍然阴沉着。我和弟弟决定去稻田地里查看一下情况。这是一种积累下来的敏感，因为根据以前的经验，每次下过大雨，西边那些相连的水塘、河沟里的水就会增加，水会流进稻田地里，此时也会有各种鱼顺着水流进入稻田中的沟渠甚至田地中。我们去了不到一个小时，就收获满满。而那次抓到的鱼居然全部是泥鳅，或者不叫"抓"，而应该叫作"捡"，因为无数的泥鳅全部在水很少的渠中，一群一群的。我和弟弟带的那个水桶，一会儿就装满了。我们两个抬着桶，走在泥泞的稻田田埂上，裤脚湿了，满身泥巴。我忘记了后来父母如何处理这些泥鳅，但大部分应该是给水貂吃了。据说泥鳅的营养很好，但这种定位与泥鳅的外形以及满身的黏液似乎无法匹配，当时的这种想法一闪而过，我马上意识到，这种逻辑并不能成立。即使泥鳅不好抓，身上滑得如同涂了油一样，细长的身子如同蛇一样钻来钻去，但我们还是抓了那么多！我想，什么都是存在弱点的，只要想办法、有股劲儿，就能成功。直到现在，当时的这种认识仍然影响着我。

似乎母亲也做过一锅泥鳅汤给我和弟弟喝，但汤和泥鳅的味道已经不知所踪。在那个时期，我和弟弟也只有这一次抓了如此之多的泥鳅，按常理来说应该对吃泥鳅的印象颇为深刻才对。至于为什么没有什么印象，我无从知晓，或许那时我们家的日子有了好转，吃肉的感觉把它冲淡了吧。不过，我们捡泥鳅时的那种快乐和成就感却极为清晰，至今都是如此，仿佛没有什么可以把它从我的记忆中抹去。

如果说抓鱼可以充实孩子们的童年，这可以理解，毕竟孩子爱玩的天性让他们能不断地在周围寻找乐趣，但是，我一直觉得我和弟弟以及村里其他同龄孩子那时抓鱼的动力更多来自给家里做贡献的想法，来自大人的肯定，来自看着家里的水貂吃食物时的成就感。或者说，从一种孩子的爱玩耍的童心到想着家里的动物和家里的事业，这之间有一种联系。此时，我们也容易想起这样一句话：穷人家的孩子早当家。其实它并不是说贫穷让孩子懂事和担当家务，而是说，那样特定的生活会激发孩子内心的某些意识，在生活状态与行为方式之间更容易生成一种坚韧的联系。

后来，家里开始养殖狐狸，我和弟弟上了初中。虽然学习任务重了，但是我们给家里的"帮助"一点也没少，反而在增加。至于抓鱼，已经没有以前截鱼的模式了，因为小桥那里的水少了很多，鱼也少了。不过，一有机会，我和弟弟就去钓鱼，但这已经不是为了给狐狸吃，而更多是一种乐趣了。现在，我们也钓鱼，当面对水面看到鱼儿的时候，可能背后是对童年那些故事的记忆，是对家的一种回味。大桥、小桥，已经消失了，留在那里的只有回忆。

十、狐狸养殖

　　狐狸，一种名声很坏的动物，在我们村子里曾经大热。它的热度与水貂一样，主要来源于作为皮毛动物与村子之间关系的建构。如果说建构不容易理解，那么可以用一种更为平实的表述：人们通过养殖狐狸实现了村子的大变化。父亲的不平凡同样在与狐狸打交道的过程中，在改变村子的过程中，在改变村民生活的过程中体现了出来。

　　1990 年，那一年仿佛有许多大事件和大变动，村子里也在发生着"异样"的变化。之所以说异样，是因为这种变化以前似乎没有出现过，而且突如其来，大家有些不知所措。那时正是中国改革开放逐步开展，新规矩、旧传统，新观念、旧想法在一起交织角力的过程格外明显，很多市场中的东西在快速地进入我们这个华北农村。

　　那年年初，国家先后召开了全国经济体制改革工作会议和经济特区工作会议，虽然村子一如往常，大家也一如往常，但有些东西仿佛在村子里涌动，那种东西似乎比养貂让人们更为兴奋。此时父亲已经不再养貂，但他时常还要处理与貂相关的事，因为村里和其他村的养貂人经常找他帮忙。但父亲似乎对养貂已经失去了信心，即使这样，他依然有一种执着，他相信在这种大变革的时候，总会有机会。

　　《新闻联播》虽然能够给他关于国家层面的一些重要信息，但要找到致富的门路，还是要靠自己去搜集信息。在养殖水貂的时候，他就主要参考《农家乐》报。

　　一个夏日的傍晚，空气中的热浪渐渐散去，人们吃过晚饭后开始陆续沿着梯子或者相邻两家之间的院墙上了房顶。父亲把在《农家乐》上看到的一些养殖信息和大家分享。天空中繁星密布，仿佛在微风中眨着眼睛，父亲说的每一条信息都让大家觉得新奇：原来外边养殖什么动物的都有，什么都可以用来卖钱！当父亲说到蜗牛时，某种共识就这样达成了。

　　在房顶上一起乘凉聊天的人群中，有一位是我家的邻居的邻居，也就是我大姑奶的东邻居，我叫他三爷。三爷家有三个孩子，老二的年纪和我相差不多，所以经常在一起玩。夏天和他一起抓鱼，晚上的时候就在房顶上一起听大人们聊天，冬天一起玩雪滑冰。在父亲的介绍中，可能有些信息对他们是有吸引力的，比如蜗牛个头小，吃得少，繁殖快，价格还不贵，最关键是人家还回收，不用愁销路。三爷问回收做什么，父亲说报纸上说的是给城市里的饭店供应。就这样，他们在房顶上商量了半晚。过了两天，他们去昌黎县城入货。

那时进一次城不容易，需要在公路边等一天两班的到县城的公共汽车。说是公共汽车，但载客量只有 15 个人。每次到我们村边时，车里都已经挤满了人。好在路程并不太远，只要 1 个小时就能到县城了。这比起以前骑自行车要好得多，对此，父亲是深有体会的，因为他当兵时去火车站就是这样去的。三爷和父亲按着《农家乐》上写的地址找到了这家卖蜗牛的。到了之后，他们觉得应该是靠谱的，更坚定了他们买蜗牛的信心。因为这家公司办在一个大院子里，位于一栋楼的二层，还挂着大牌子，很气派。他们每人花了 50 元，各买了 2 只，用一个小盒子拿回了家。那一年，父亲很认真地研究那两只蜗牛。虽然蜗牛不像水貂那样要吃各种有营养的东西，养殖的饲料成本也不高，但是，父亲越研究越没有了信心。那一年，三爷和父亲的蜗牛都没有繁殖，也没有长大，他们决定去找那个公司的人，结果人去楼空，被骗了。

虽然心有余悸，但父亲并没有停下来的意思，家里的生活、我和弟弟上学的费用，都时刻提醒着他要做点什么。在看《农家乐》时，父亲选择了蜗牛，没有选择狐狸。看到卖狐狸的广告时，父亲根本就没有考虑，因为要用 5000 元买两只银狐，在他眼里是难以想象的。即使广告上说得非常好，但毕竟那是两只陌生的动物，为它们花一大笔钱，父亲不会轻易冒这样的险。而且，卖的地方还位于遥远的山东省，如果去的话，既费钱又费时。

养殖蜗牛失败之后，父亲仍然在通过各种渠道了解信息，特别是关于狐狸的信息。有一天，他在一张报纸上又看到了养殖狐狸的消息，而且出售的地方在唐山市，过了滦河就能到的滦南县。这让父亲激动不已。他看了狐狸的品种和价格，觉得时机成熟了。但这次，他在村子里并没有找到

"志同道合"者，联系的几个人都不想养殖狐狸，他们最大的顾虑是价格高，没有接触过，风险太高。隔壁的叔叔是支持父亲的，但他也只是陪着父亲，骑着自行车去滦南县。

父亲说，据他了解，最早养殖狐狸就是从东北和山东开始的，然后慢慢向河北一带传播，传到唐山的时候已经是快速增长的时候了。由此他判断，这种养殖是有生命力的，肯定有前途，绝不会像蜗牛一样。后来的事情证明了父亲的判断。从买到实现一定的规模化，过程似乎也没有太多波折，但用父亲的话说，这也不是一件容易的事，可以说"相当不容易"。

他们顺利地从滦南买回了 3 只狐狸，一公二母，因为卖方技术员说，不能只买母狐，没有种公狐就没办法繁育。这个道理父亲自然懂。当时总共花费了 1200 元，这在当时着实是家里的一大笔支出，对村里其他家庭来说，同样如此。更重要的是，花这么多钱买了 3 只根本没接触过的狐狸，为的是什么？当他们骑着自行车来到滦河时，天色已经晚了，他们在河对岸冲着那有一点点光亮的地方使劲喊着："来喜！来喜！把船摆过来——"来喜是南套村人，专门负责在滦河摆渡。见到三只狐狸，又听父亲讲述了经过，他向父亲竖起了大拇趾。父亲说，当时也不知道是什么滋味，也不清楚这个手势到底是在夸他还是在嘲笑他，内心的焦虑以及对未来的渴望在父亲的内心里交织着。

那个时候，村子里还没有手机，也没有电话，对父亲一样的村里人来说，除了按知道的地址去找人家，是没有什么办法与对方取得联系的。在天上还满是星斗的时候，父亲和叔叔就骑着自行车出发了。虽然说路不太远，但他们也足足骑了 3 个小时。养殖厂的人热情地接待了他们，购买很顺利。这个厂子也不算大，有 100 多只种狐。厂长说这些狐狸都是从东北买的，技术员也是从东北聘过来的。虽然父亲买的是当年的幼狐，但买的时候正是深秋季节，幼狐已经成年。父母认真地饲养这 3 只狐狸，因为有养殖水貂的经验，所以一些问题似乎对他们来说并不是什么大难题。到了第二年的二三月，狐狸到了发情季，按着父亲原来的打算，他和叔叔把 3 只狐狸用自行车驮到了厂里，父亲也在那里住了下来等待狐狸配种。

从养殖狐狸的第二年开始，家里的境况又开始有些转机了，年底出售了几只幼狐狸，再加上当年粮食的收入，家里有了上万元的现钱。不过这些钱还要支撑下一年的开支，尤其是一年的狐狸饲料支出。父母平时花钱十分仔细，每次都要精打细算，但这些都是家里自己的事，在村里人和外村人看来，父亲这次又成功了。

不止来喜一个人说父亲是昌黎县最早养殖狐狸的人，其他很多人也总是这样说。我觉得这应该是一种莫大的荣誉，在当时，农村里的信息传播仍然主要依靠口耳相传，想必这种说法是有其依据的。但父亲说，有一个人养得比较早，比父亲晚不了几个月。这个人住在昌黎县城附近，据说是县里二院也就是秦皇岛市第二人民医院的一个退休工人。但好像没有成功，很快就没有了动静。听父亲说还有一个昌黎县鼓楼分社的职工，刘姓，也热衷养殖狐狸。在养狐狸之前，也养过牛，但没有成功，赔了钱，后来媳妇也和他离了婚。因为养殖狐狸，父亲与他认识了，到了狐狸配种的时候，他也过来使用我们家的种公狐。父亲说，这个人还是很讲义气的，是一个重情义的人。为了给他的狐狸配种，他曾在我们家住了好几天。

父亲这次也算是成功了，至少他可以给那些需要他帮助的人一些支持。虽然大姑奶和他的儿子上次并没有接受父亲给他们的两组水貂，但是这次他们并没有拒绝。父亲在家里留的那些种狐里边挑了上乘的母狐给了叔叔两只，但父亲并没有给叔叔种公狐，父亲的打算是，他全程给叔叔照看着，配种也不用叔叔操心。如果再给叔叔一只种公狐，那么还要投入饲养费，在父亲看来，叔叔完全不用花这笔钱。在父亲讲述时，我深深体会到他那种为人着想的良苦用心。因为养殖狐狸，大姑奶和叔叔的收入都增加了许多，叔叔又善于经营土地，每年的粮食收入也不菲。不久之后，我们前趄街三爷家的大女儿嫁了过来，叔叔正式成了家，大姑奶甭提多高兴了。再后来，叔叔家有了一个女儿一个儿子，虽然两个孩子没有上到大学，但也都算是有出息的，经营着自己的生意。叔叔也把原来的旧房子拆掉了，盖上了称得上有些豪华的现代式大房子。虽然大姑奶没有看到这些就去世了，但我想她在天之灵应该能够看到，她一定会很开心的。

父亲总是向我提起一件事，让我觉得有些内疚，同时也感受到父母在养殖狐狸过程中的不易和煎熬。那一年夏天，眼看我要开学了，开学就要交学费，但因为行情不好，家里的狐狸皮并没有顺利卖掉。虽然大家都知道如果不卖掉，后面的生活会很拮据，但父母商量了之后，还是决定再咬牙挺一挺，希望皮市能够反弹，价格上涨一点儿。上半年我们熬过去了，大家觉得也没什么，直到我开学前，是去借钱还是卖掉皮子？那几天父母都没有睡好觉。最后，一个收购商跑到了家里，父亲再次咬了咬牙，以每张皮90元的价格卖掉了家里精心保存的100多张蓝狐皮。没过1个月，价格就涨了，父亲说，那时能到260多元一张。我听了之后，鼻子有些发酸。后来父亲总是挂在嘴边，搞养殖真的不容易，虽然一年到头都认真地管理饲养，但不卖掉换钱，日子反而过得更难。还有一次，面对满院子的狐狸，家里总共只有50块钱，而这50块钱是前几天卖掉了门前的一棵树换来的。在饲养过程中，要投入的饲养成本真的是太高了。那一年，我们一家人是如何过来的，可想而知。到后来，狐狸养殖规模大了，各种疾病也随之而来，再加上治病和病亡的幼狐，利润空间就更小了，甚至辛苦一年还要赔钱。虽然早有了"万元户"的称呼，但是面对现实生活，父亲总是在不停地奋斗，或许这种奋斗就成为一股巨大的动力。哪怕是现在，他和母亲仍然保持着一种不停歇的状态，院子里总要种点什么，更要养点什么。他们说，这样才像一个家。

1996年，弟弟不再上学了，他更擅长养殖，仿佛有这方面的兴趣和天赋。有事没事他就琢磨狐狸养殖中的一些细节，比如如何更好地辨别母狐的发情程度，在什么样的情况下配种的受孕率更高，如何提高狐皮的质量，等等。那时，中国的皮草行业发展得非常好，每年的打皮季节，都会有一些来自河北石家庄、枣强以及浙江海宁等地的客商到村子里收皮。大家觉得，皮草业大有可为。

弟弟善于和这些皮草商聊天，一些商客也相信弟弟，所以常找弟弟带他们在村子里和周围村子收皮。这样，弟弟就有了机会进一步了解皮草行业背后的事。慢慢地他发现，这些皮草商主要根据外来的订单收皮，这些订单主要来自香港、俄罗斯等地，在那些地方还有专门的皮草拍卖行，每次拍卖的规模都很大。于是他就学着在报纸上和各种农村刊物上查找消息，后来就在电脑上查一些养殖和皮草价格的信息。那时，我已经读到了高中，但对电脑几乎一无所知，直到上了大学后才开始接触。弟弟的尝试都是有意义的，也走在了村里多数人的前面。通过和客商的交流，加上收集到的其他信息，他认为应该进一步扩大狐狸的养殖规模，而且要提高配种效率，要进一步用改良后的优良品种。

皮草行业似乎越来越火爆，村子里的绝大多数人家都开始养殖狐狸，不过也有一些人仍在养殖水貂。所有的人都从中受益了，特别是皮草行情特别好的那两年，家家户户的收入都有了大幅增加。马踏店村的名号再次传播了出去，这也直接带动了周边许多村庄中的狐狸养殖。弟弟在第一时间了解到县城里有技术人员讲授给狐狸人工授精的技术，他就跟着去看，虽然没有正式上过一天课，但他通过观察那些技术人员的动作大概知道了基本原理。随后，村里来了一个专门给蓝狐进行人工授精的技术员，是从东北来的，在村里靠近公路边的一户人家开展业务。弟弟一有时间就去帮忙，进一步巩固了他从县上学到的东西。他专门买了显微镜、人工授精针和一些试管，在家里开始了试验。那年冬天，家里先把几只淘汰的母狐打了皮，他用钢笔水代替试剂，再进行解剖，查看试验完成情况，进一步把学到的东西在操作中进行检验。当然，父母都支持弟弟的尝试。

那一年，弟弟用他的人工授精技术完成了对 10 只母狐的授精，结果没有出现空怀现象，均产 8 只。弟弟成功了。当年的幼狐都卖了出去，只打了几张皮子，以往的拮据情况没有再出现。父母自然高兴，最主要的是，弟弟已经成长起来了，他在逐渐接替父亲的角色，甚至比父亲更投入，取得的成绩也更突出。

弟弟成了村子里，甚至是新集镇里最早进行狐狸人工授精的人之一。随后的 5 年多时间，弟弟的事业越来越好，父母也跟着一起忙碌。弟弟在这一段时间中的事业可以分为两个阶段。第一个阶段主要从事蓝狐饲养和人工授精，那时不但马踏店村的家家户户都养起了狐狸，周边村子里的养殖数量也快速增加。正是由于这股蓝狐的养殖热潮，昌黎县的名声也传播了出去，被称为北方重要的珍稀皮草动物养殖基地，县里也开始谋划着建设一个大型的皮草交易市场。父亲和弟弟也成为养殖圈里的名人。后来养殖规模扩大了，弟弟还收拾出房子，对外开展蓝狐的人工授精业务。1996年左右，家里商量把爷爷奶奶留下的老房子买了过来，两年后，用积攒下的钱重建了房子。

在建房的时候，父亲在路上捡到了两只小鸟，它们身上还没有长毛，父亲望了望路边的一棵大树，上面有一个大大的鸟窝，父亲认出那是一个喜鹊窝。父亲边照料狐狸，边照料着这两只小鸟，总是抽空去找虫子给它们吃。小鸟长得很快，10多天的时候，就开始学飞了。到了1个多月，它们就可以自由地飞行了。但是，即使飞走了，它们还会回家来找父亲，落到树上对着父亲嘎嘎地叫，要不就直接飞下来落到父亲的肩膀上甚至手上。当它们在天空飞的时候，父亲一眼就可以认出它们，随着一声"下来"，它们就从天空俯冲而下，落在父亲身边。村里人开玩笑一般对父亲说："养喜鹊吧，这是缘分！"父亲当然高兴，他常说："啥都有灵性，啥都懂报恩！鸟和人是一样的。"或许真如父亲所说，这两只喜鹊给家里带来了好事和吉祥。

重建房子的时候花了5万元，装修花了同样的钱，看着房子里装饰的东西仍然完好，父亲总会不由自主地说："二十多年了，还是这么好，这5万块钱花得多值啊！"又过了两年，父亲和弟弟又把西边邻居家的老房子买了下来——他们迁到了新盖的房子中。这样，五间房子的宅基地连到了一起，院子里宽敞了许多。弟弟决定再扩大事业。买下的房子并没有重建。弟弟找了村子里几个手艺好的长辈，添置了一些人工授精的器具，搭建起了能净化的人工采精室、授精室。经过一番准备和收拾，那两间房子成了给狐狸人工授精的专用房间。在配种季到来之时，家里就格外忙碌，这种忙碌是以前所没有的。凌晨4点多，后门外就有排队等候给狐狸授精的人。他们主要来自我们村以及周边各村，也有从乐亭县来的。对于那些比较远的人，这是相当辛苦的一件事。除了披星戴月远路赶来，还要在外排队等候，甚至要等上多半天。一些人会从家里带些吃的，有些则要一直忍受着饥饿。所以有时候，我们会让那些路很远的人先进行，有时也会给他们准备一些水和吃的。当然，这样一来二往，一些养殖户也会给我们带些鸡蛋、粉条什么的。在那段时间，弟弟又结识了很多别的村子的朋友。

在外排队的人是不会打扰我们的，更不会敲门，但我们并不想让他们等太久，所以一般不会晚于5点起来开展工作。那是一桩辛苦的事，先要按着编号，一般是根据种公狐的体况和前面的采精情况排序的，由父亲和弟弟商量着确定，然后从狐狸笼中用专门的捕狐套，套出要采的种狐，再到采精室，由弟弟完成采精，再进行必要的处理，然后才能进行人工授精。当然，授精的母狐被提到弟弟面前时，他首先要确定发情情况，只有发情到位、符合条件的他才会进行下一步工作。弟弟说，这是保证受孕成功率的关键。一些输精的技术人员输精技术很高，但辨别适配度的技术不过关，就会耽误养殖户。正是因为父亲和弟弟对母狐的适配度非常了解，辨别的成功率非常高，所以也有很多人先让父亲或弟弟给辨别一下母狐的发情状况，再按给出的建议选择配种的时间。就这样，多数时候要持续到下午 3 点左右，那时也不觉得有多么饿或有多么累。

当然，那段时光也是十分幸福的。我们在村里和周围村子里，都变得更受欢迎了。这应该不是因为我们赚了钱。我想更多是因为在这个过程中，大家的往来更多了，我们虽然收了钱，但是也付出了很多，并且给大家带来了很多。记得从对外输精开始，每到年底，特别是过年前后，家里总是会有一些客人，开始时门外停的是一些自行车、马车之类的，没过两年，几乎全部成了面包车，甚至小轿车，不过这些人不是什么"大人物"，也不是什么"富二代"，他们就是村里和周边地方的狐狸养殖户，他们就是搞养殖的农民。

提起钱，家里确实因为输精的业务赚到了钱，但真正的收益远小于外人想象的那样。父亲和弟弟最清楚。刚开始的两年，输精时用的是家里留的种公，体型要大、毛质要好，总之是基因比较优良的，输一针 10 块钱，一般输 2—3 次，就可以确保受孕成功，当然，也有人选择只输一针，因为他们相信弟弟的眼光和手艺。

第二年，弟弟从海宁过来的皮毛商那里听说了一个重要消息。他们说国内有人要引进国外的改良蓝狐，这种改良过的蓝狐体形大、毛质好。后来，弟弟又多方求证，确保了这个消息的真实性。他们所说的国外指的是芬兰，那是一个有着悠久皮毛动物养殖历史的国家。山东的一家大型养殖场准备引进那边的"原种"蓝狐。弟弟辗转联系上了这个养殖场，并交了预定的钱。那是一个风险极高的决定。弟弟后来常提到，他克服了巨大的心理压力才做出了这个决定。当然，这背后还有父亲的支持。现在想起来，这件事对一个几乎没有走出过农村的孩子来说，肯定是一个天大的事。

原种蓝狐按体重划分，分两个档。一档是 5000 元一只，体重不低于

30 斤。二档是 3000 元一只，体重在 20 斤至 30 斤之间。家里谋划了好几天，最后订了 3 只一档的，5 只二档的。村里另一户人家买得更多，他姓李，我们叫他李叔。他家是村里的大户，因为在天津做工程发了家，村里的一些年轻人跟着他打工，这样给村里带来了许多好处，所以他在村里的口碑很好。他看到村里的养殖业发展迅速，也投入了大笔资金，养了几百只蓝狐。虽然专门聘用了村里的人给他饲养照料这些狐狸，但弟弟也常过去给他帮忙，在这种常来常往中，建立起了深厚的友谊。那一次，他也预订了 20 多只原种狐。

预定原种蓝狐的事，在村子里甚至在整个昌黎县的蓝狐养殖圈子里很快传开了。社会上对养殖业的关注度也达到了一个新高度，当然，人们谈论最多的还是蓝狐和水貂。在我的印象中，那时村子里几乎家家有蓝狐，还有 20 户左右也养着水貂。一些年轻人在养殖的基础上做起了皮子生意，有专门收皮再贩去大皮草市场的，也有到外地去收皮的，还有专门给外地客商带路买皮的，总之这样的人全村有 20 多位。村子里的感觉，仿佛充满着一种以前没有的气息，也好像在涌动着什么，很难用语言来形容。

很快，从芬兰进口的原种蓝狐运到河北省沧州市肃宁县，在那里进行隔离。那时肃宁是全国重要的皮毛动物养殖和交易集散地，有规模很大的皮毛动物交易市场。得到消息后，李叔和弟弟以及村里几个人一起赶到了肃宁，并进入隔离区观看了他们梦寐以求的那些原种蓝狐。15 天后，隔离到期了。弟弟说，当时死亡的原种狐 10 多只，还有一些生病了。听负责隔离的技术人员说，死亡和生病主要是因为对环境不适应，在飞机上的长途旅程也有一定影响。对这种说法，我们当然有一种直观体验，这应该就如同人到了一个环境差异很大的地方，也会出现水土不服一样。芬兰是一个极为寒冷的国家，从温度来说应该更适宜蓝狐生长和繁殖，这可能也是那里能够不断优化品种的原因吧——这是当时我们的一种想法。

随后开始抓阄，这样对大家都是公平的。虽然弟弟并没有抓到心仪的原种狐，但整体上并没有太差的。回来后，我们精心饲养，父亲也专门用更粗更好的铅丝网制作了大号的狐狸笼，这种笼子要比普通的种公笼大一倍以上。随后，陆续来了很多人，他们要看看原种狐是什么样子，好在哪里。一个多月之后，父亲和弟弟商量，决定开始用这些原种狐采精配种。

由于远远无法满足对原种狐的输精需求，所以弟弟把大量要输原种狐的顾客推荐到了李叔那里。我们家和其他养殖蓝狐的家庭都从原种蓝狐中受益，当然，关键是人工授精技术的成功。

正当蓝狐养殖热火朝天的时候，又出现了一个新品种，至少对村里人来说是新的。父亲后来常说，他在养殖蜗牛的时候就看到过有关银狐的消息，但那时的价格很高，所以一直都没有想银狐的事，并最终走上了蓝狐的养殖之路。银狐和蓝狐是两个品种，在体形、毛质等特征上，二者的差异也是非常明显的。在价格上，当时前者要比后者贵很多，数量也少得多，以致村子里一直也没有银狐的养殖者。随着在蓝狐养殖圈里关系网络的增加，父亲和弟弟也一直在关注银狐的情况。那一年，又是父亲的决定改变了村子里的养殖结构。弟弟支持父亲的决定，随后在村里找了两个朋友，一起到山东的养殖场买回5只银狐。从此之后，村里的狐狸养殖开始变得多元化，人们也有了更好的收入。

银狐之后，彩狐又开始流行，并很快成为皮毛市场上的热门。从村里养殖者的角度看，彩狐是银狐的一类，只不过皮毛的颜色发生了变化。这种认识是基于他们对狐狸养殖的经验总结，他们相信彩狐有更大的市场空间。这次，弟弟并没有成为第一个把彩狐引入村子里的人。不过，父亲和弟弟也预测了彩狐养殖的前景。于是，弟弟很快下马了近一半的蓝狐，转而购入了大量彩狐。后来，在养殖圈里出现了一种说法，是关于一种叫做"白银狐"的彩狐，市场上非常少，价值也非常高。弟弟多方打听，终于在东北的一家养殖场见到了一只白银狐。在他看来，这只狐狸是白化的银狐，或者说是银狐发生了白化的突变，使原来全身呈现银灰色的毛全部变为白色，其他特征基本是与银狐相同的。随后，弟弟在各地寻找这种白化的银狐，以每只10000元的价格买到了两只白银狐的种公。弟弟推测，以普通银狐或赤狐、冰岛、琥珀、十字等品种的彩狐为母本，是可以繁育出白银狐的，即使没有繁育出白银狐，优化一下这些彩狐品种也不错。弟弟的想法算不上前沿，当时在昌黎县的许多农村，有这种想法的人并不在少数。这就导致了大家都往白银狐努力，随之其他彩狐品种也跟着进一步流行开来。彩狐的人工授精，特别是白银狐的人工授精因此而被接受，即使输一针的价格高达1000元，也没有阻挡养殖者们的热情。在当时，这种热情似乎并不是高昂的价格可以阻挡的，这一点与父亲刚开始尝试养殖时已经相去甚远。为什么会这样呢？我曾经认真想过这个问题，当时我觉得，人们都有钱了，所以不太在意，更主要的是，人们在皮毛动物养殖中产生了一种冲动，或者有了更大的目标，有了更大的规划，也注入了更多自己的判断和预期。当时，已经有人说这是养殖中的泡沫，但是这种说法也未能阻挡人们做出选择。

在那时的养殖者们看来，如果进入市场，任何热门的东西都会出现泡沫。这是一种看上去有些脱离农民认知范畴的观念，但当时在马踏店村却极为正常。有时看上去存在越多的泡沫，越容易吸引人，这一点在后面要介绍的藏獒养殖中有更加突出的体现。如果给市场中的泡沫做一个界定，那么它的产生是与社会情绪有关的，同时，它的后果同样会引起社会情绪和社会逻辑的变化。但在其中的人们，尤其是农民们很少会在意后面的事，而是关注他们当时是否可以在其中保全和获利。这是不是一种短视行为呢？这种界定并没有指出它的本质，在缺少强力的外在规制的情况下，谁会不想在不犯法的情况下获得利润呢？从彩狐，特别是白银狐至藏獒养殖的崛起，马踏店的村民们都在践行着他们的这种日常生活哲学。但是当这种哲学放入整个社会的大逻辑，人们慢慢感受到了它产生的后果。

人们近乎狂热地投入到银狐和彩狐的养殖中，一些新的想法很快就会被认可。银蓝狐是一种由银狐作父本，蓝狐作为母本繁殖出来的品种。据说，银蓝狐本身没有繁殖能力，但是长得快，体形也大，皮毛兼有银狐和蓝狐的特征，整体毛长处于银狐和蓝狐之间。因为弟弟人工授精手艺好，来找他专门开展银蓝狐输精的人开始多起来。确实，当年第一批银蓝狐皮很快就被来自肃宁、海宁等地的大皮商买走了，第二年甚至在打皮季前的20天左右就来了订单。随后，村里那些专门做皮毛经纪人的年轻人，从外面引入了一种新概念，叫做"激素皮"。每到10月初，就开始给银蓝狐注射一种激素，促使皮毛提早成熟，可以比常规皮毛提前1个月左右上市。人们就会算这样一笔账：提前1个月打皮，可以提前把皮张变现，而且可以省下1个月的饲料费。很快，村里也开始流行银蓝狐的激素皮。

那几年，村里的蓝狐、银狐、彩狐、银蓝狐的养殖规模已经相当之大，甚至周边的各个村庄都有相当规模的养殖，昌黎县也被外界称为河北重要的珍稀皮毛动物养殖基地，在皇甸庄也建起了大型皮毛交易市场。每家每户茶余饭后谈论的都少不了狐狸养殖和皮毛市场的话题。在这样的情况下，大规模养殖带来了意想不到的问题。在我的记忆中，有两点格外清晰。

一是狐狸肉的问题。每到打皮季，村里每家每户都至少会产生百余只狐狸肉，即已经取了皮的狐狸。开始时，村里人还会自己煮一些，在家里吃或者送亲戚朋友。后来就很少有人家吃了。当数量多了之后，村里出现了很多大卡车，是专门来收狐狸肉的，价格一般按只算，每只一般在 10 元至 20 元之间。村里当然也有专门做这种中介生意的，所以后来大家打皮的时候，就直接把这些肉送到指定的地方，最后一起结算。据接触这些收购客商的人说，这些肉都会运到南方的一些市场和高档饭店、酒店和商场之类的地方，当作狗肉卖，也有的当作兔子肉和其他野味肉。当然，也有的直接挂着牌子，写明狐狸肉。

二是疫苗和疾病问题。在村里狐狸数量快速增加之后，狐狸出现了一种传染病。父亲深知给养殖动物打疫苗的重要性，从养殖水貂的时候他就有了打疫苗的意识。当时家里也因传染病死了几十只幼狐。后来疫苗的种类增加了，似乎春夏之交的传染病得到了一定的控制。由于使用的疫苗数量成倍增加，养殖成本也随之增加了许多。打过几种疫苗的狐狸肉，仍然按原来的方式、原有的渠道向外销售着。在那个时候，村里已经没有人再去炖狐狸肉吃了，可能是因为传染病太多，也可能是因为注入狐狸体内的各种疫苗药物太多了。

传染病、疫苗、狐狸肉这些元素混杂在一起，让村里人有了些许的疑问，一些人开始思考这样一个问题：经由他们这些农民之手生成的东西，会带来什么？这或许只是一个朦胧感极强的问号，因为在他们看来，在养殖之外的其他事，都远远超过了他们的能力，或者说也不是作为农民的他们应该操心解决的事，即使想管也力不从心。

在村里开始养殖水貂的时候，千庄的表爷就琢磨起了毛皮动物饲料的事，并从那时起走上了以毛皮动物饲料发家致富的道路。表爷姓罗，人很和善，我们小时候去槐李庄小学、中学上学总要路过他家，很多时候就和他家的孩子一起上学，虽然不在一个年级，但慢慢就颇为熟识了。到了村里开始养殖狐狸的时候，表爷觉得有必要进一步扩大饲料生意。他瞄准了大公司、大品牌的饲料，并做起了几个品牌的区域总代理。从养貂至养狐狸，他的饲料业获得了巨大的成功。不但马踏店村大多数养殖户用他的饲料，周围很多村子的养殖者也认可他。对那些暂时周转不开的养殖户，他就把饲料赊出去，等对方有钱的时候再给，有的直到现在还没有还。每次谈到这样的事，表爷总是无奈地摇摇头，再轻轻地一笑，也不说什么。到底他想表达什么，我并不清楚，可能他自己也不清楚，但是我感觉得到，他对那些从他那里买过饲料的人，都有一种感情，并且十分义气。即使有些人没有给他钱，但由于生意好，表爷仍然成为村里的富人。后来，他用自己的积蓄给三个孩子每人买了一辆轿车，也给自己添置了一辆豪华奥迪轿车。

对父亲和弟弟来说，狐狸养殖给了他们一种尝试，也给了他们更强的自豪感。时至今日，父亲一有机会还会提起这样一件事。原来大家养殖都要向县畜牧局的技术员请教学习，养殖水貂的时候是这样，开始养殖狐狸时也是这样。在父亲和弟弟大力开展狐狸人工授精，声誉在县里广泛传播之后，县里的林技术员居然跑过来向父亲和弟弟请教狐狸养殖的经验。那种感觉应该是很特别的，至少从父亲的话语来看，我感觉得到他因此而产生的一种对自己奋斗的价值认可，甚至这可以被界定为一种生命的意义。

2002年，弟弟结婚了，妻子是他的小学同学。他们开始一起专注于狐狸养殖。和弟弟同辈的人，他的小时玩伴，大多数也如他一样，在村里成家立业，成为村里真正的新一代人，也逐渐成为村里的主角。弟弟的小学同学大伟成为村干部，在养殖业上投入了大量的精力，后来成为村主任。不过，也有人通过上学走了出去。韬韬就是这样，他考上了中专，毕业后进入了秦皇岛市的一家大型旅游公司，并在那里成家立业。

对父母来说，在近十年的狐狸养殖过程中，他们经历了许多，付出了许多，也获得了许多。在其中，让他们最为满意和自豪的，是他们支撑着我考上了大学，离开家乡，到外面闯荡世界。虽然弟弟没有继续读书，但他在狐狸养殖这条路上很成功，父母已经觉得很满意了。母亲虽然不像父亲那样喜欢把一些东西在口头上表达出来，但在村里人之间闲聊时，她会不自觉地用很自豪的语气来描述我和弟弟。

十一、藏獒养殖

在 2006 年春季，一种传染病席卷整个村子，各种疫苗终没有阻挡住传染病的肆虐。那段时间，全村人几乎是在煎熬中度过每一天。父母和弟弟每日茶饭不思，日渐消瘦。家里每天都要死十几只幼狐。其他村庄里也出现了同样的情况。县里的兽医站和一些宠物医院挤满了带狐来医的人，病狐的外在症状都差不多：鼻子干，双眼干涩，流黄鼻涕。医生说是"细小病毒"，大家并不知道这到底是一种什么病毒，医生也说不清，所以治疗效果并不理想。弟弟和父亲并不会轻易放弃，做了很多尝试，血清治疗成了我们家最大的希望。这是弟弟从县里兽医那里打听到的，他找了些资料，又多方打听，搞清了大致的操作。

血清治疗是一种用含有特定抗体的血清来治疗疾病的方法。基于免疫学原理，给患者供给含有特定抗体的血清可以增强患者的免疫力，对抗疾病的病原体，从而达到康复的目标。虽然知道了原理，但是如何操作还要自己摸索，要想通过自己采血再分离出含有细小病毒抗体的血清并不是一个普通老百姓在家里能完成的事。最后，弟弟在市里找到了，他买了一些回来，打了一些给生病的狐狸。父亲后来说，如果不是这次血清治疗，可能村里的大多数狐狸都会死掉。即使这样，那年家里的幼狐数量也减少了大约三分之一。死亡的狐狸没有地方处理，大家都丢弃到小桥、大桥附近的水坑边，很快熏鼻子的腐臭之气弥漫了整个村子。村子里几位以捕鱼为业的人对此颇有怨言，因为他们已经无法在附近的水沟里下网捕鱼了，即使捕到鱼，也没有人买了。

村里养殖狐狸的收入锐减，大家艰难地熬过了那一年。第二年，相似的情况又出现了。关于这种传染病无法根除的说法在村子里流传开了，人们关于狐狸养殖的信心也开始动摇，狐狸皮的价格出现了较大的下滑。正是在这样的情况下，藏獒养殖开始被村里人接受。

早在 2004 年，村里就传出了关于藏獒的风声。弟弟听说，村里的一位"能人"和马俊仁在东北一起养殖过藏獒。这位能人，是村里响当当的人物，我们叫他四叔。四叔家里有兄弟四人，其中老大在北京就职，据说地位还很高，其他三人也都有本事，他排行老四。在父亲养殖水貂的年代，四叔就接手了村里公社的养殖场，专门养鸡，从那时起就积累了较多的财富。后来他出去闯荡，村里人都说他在外面赚了很多钱。至于马俊仁的名字，村里的每个人都知道，因为他训练的"马家军"而闻名——这是对辽宁女子中长跑运动员的一种称呼，后来又因为一些问题而在社会上产生了很多争议，虽然农村的老百姓不知道其中具体的问题，但大家知道他曾经是个名人。马俊仁喜欢藏獒，藏獒是来自青藏高原上的一个犬种，非常珍贵，而且据说快要灭绝了，这是当时我们得到的一个基本信息和认识。这样，大家多数时候只是将马俊仁和他的藏獒当作谈资，并由此想到世界的变化，谈论社会的变化。当然，四叔也成为大家谈论的对象。

对马踏店村来说，虽然听到风声，但提起藏獒这两个字，没有人或者说很少会有人想到自己，因为在人们的观念中，养藏獒是一些有钱人的游戏。不过，村里的人际网络和互动逐渐打破了这一认知，藏獒也因此走入了我们的生活。2005年初，弟弟的小学同学大伟送给他一只黑色的小藏獒。那个小家伙来到家里后，看上去有些精神萎靡，弟弟仔细观察，认定它得了"细小病毒"，两周之后就死了。我们当然伤心，弟弟尤其在意。但父亲却觉得没什么，因为他始终怀疑藏獒的价值性，他的怀疑来自他对皮毛动物的认识，皮毛动物的价值来自市场需求，但藏獒的市场在哪里？他并没有看到一个清晰的市场。后来，父亲经常提起养殖藏獒的事，感慨自己当时并没有看到可能要处于疯狂状态的藏獒市场，但是从根本上说，父亲应该也是对的，直到2010年之后藏獒产业突然崩塌，人们才更多地谈论其中的炒作和泡沫问题。

与马俊仁一起养殖藏獒的四叔是大伟的亲叔叔，所以大伟养藏獒是有条件和保障的，他也算得上是村里养殖藏獒最早的几个人之一。在天津有工程的李叔也比较早养殖藏獒，他在大量养殖狐狸的基础上，对养殖业产生了浓厚的兴趣。他通过四叔进一步了解了藏獒的情况，随后直接购入了几只。听说大伟给的那只黑色藏獒死掉了，李叔从自己家里挑了一只送给了弟弟。谈起这件事，父亲总是说，咱不能忘了大伟和李叔，没有他们，咱们很难会养藏獒。不过，当时的情况并不好，因为李叔送的那只幼獒到家里还没到一个星期就生病了。我们并不难理解这种情况，因为当时村里狐狸的传染病已经很常见了，藏獒是狗的一类，与狐狸相似，所以很容易被病毒感染。面对这只奄奄一息的藏獒，父亲觉得没有必要治疗，而且也不太可能治好。弟弟没有放弃的意思，我也有这种想法。母亲只是通过照顾这只藏獒支持我们，她心地慈善，一定不会轻易让一个生命离开。所以我们决定要尽全力抢救。最终，我们选择了血清治疗，并且给它加了量。奇迹就这样出现了。它也成了我们家里的第一只存活下来的藏獒，我们给它起名"活力"。在大伟和李叔的帮助下，活力的配种很顺利。两个月之后，四只小藏獒出生了，其中有两只公獒，我们给它们起名叫做"天龙"和"天狮"。幸运的是，它们克服了当时狐狸传染病的影响，顺利地长大。

　　进入了 10 月下旬，"天龙"和"天狮"已经形似成年藏獒了，此时村里的藏獒养殖也开始蠢蠢欲动。关系好的，到朋友家要一两只品质不太好的养上，而品质好的，是不能张口要的。也有的人开始到东北、北京和唐山等地购买，村里一下就有 10 多户养殖了藏獒。一些开着汽车的外地人也开始出现在村里，他们是专门来买藏獒的。在这样的情况下，"天龙"和"天狮"都被买走了。"天狮"是 1 万元成交的，而"天龙"则通过多轮谈判才最后卖出。按当时藏獒的评价标准，"天龙"是一只品质突出的铁包金藏獒，毛量和骨量都突出，气质也好。村里东张庄一位长辈看到"天龙"后，主动提出把"天龙"弄到他家里销售，肯定可以卖到好价钱。他家在公路边，一些外地藏獒养殖者与他往来频繁。弟弟答应了，因为我们刚养藏獒，好藏獒也不一定能卖出好价格，毕竟需要藏獒圈的关系网。很快，"天龙"被卖掉了，我们拿到了 7 万元钱。这个价格，与养水貂、狐狸相比，简直就是天价，甚至想都不敢想。从此父亲改变了他原来的看法，把藏獒当成了宝贝。那一年，弟弟用了 5000 多元，又买了 1 只母獒。算上"活力"和她的两个孩子，4 只母獒支撑起了后来家里的藏獒养殖业。

　　这已经是 2007 年的事了。此时，父亲已经大幅压缩了狐狸的养殖规模，只留下几只彩狐和几只母蓝狐，用来繁育银蓝。银蓝狐虽然是一种杂交狐，没有繁育能力，但却有极强的抗细小病毒的能力，它们也成了村子度过那两年传染病高峰的功臣。但很快银蓝狐的前景也黯淡了下来，因为有消息传来，国际市场上的狐狸皮订单大幅度减少了，银蓝皮订单同样如此。据说，国际上动物保护组织反对使用动物皮毛做衣服——这应该有动物伦理、环保要求以及绿色消费方面的综合影响。无论是什么原因，总之养殖成本高、皮张价格低，而且难销售，这些情况使昌黎县的大多数狐狸养殖者大幅削减了养殖数量，甚至完全下马。包括父亲、弟弟在内的村里人此时做出了选择，把重点放在了养殖藏獒身上。2008 年，家里停止了狐狸养殖，同时留下了 100 多张银蓝皮，既难卖，价格又低，父亲索性就保存了下来。直到现在，15 年过去了，还有一些皮保存在冷库中。

养貂和狐狸的时候，没有人做招牌或广告牌，也没有把自己家的庭院叫作"养殖场"，大家仿佛也没有这个意识，只是把庭院利用充分就可以了，从养殖到收获，靠着外部的行情和"老客"（这是村中对外地皮毛客商的一种称呼），自己只管把东西养殖好就行了。但到养殖藏獒的时候，情况变得不一样。仿佛那时的村里人，已经更进一步融入了外面的大世界，或者说大家受外界现象、事件的影响更大了。这也让他们做出了不一样的选择，开始形成了新的行动。

2003 年 11 月 18 日，中国藏獒俱乐部成立，宣称是中国畜牧业协会犬业分会（CNKC）指导下的行业自律组织，成员涵盖 23 个省、自治区与直辖市。

中国藏獒俱乐部做了很多善事，如 2007 年 11 月还在人民大会堂举行"中国藏獒发展大会暨獒友慈善捐助活动启动仪式"，为教育事业现场捐款260 多万元。

网络对人们的影响更大，随着二十几户人家安装了电脑，人们了解到了很多藏獒网站。"藏獒在线"（www.aiao.cn）给村里人留下了深刻印象，里面收录了全国大量獒园，有人数了一下，有近 500 家，而那些介绍藏獒、介绍獒园的帖子每天有两三千条。这极大地震撼了人们，或者说大家的视野一下就变了，想法也受到了影响。其他网站如中国藏獒信息网（www.ao178.cn）、藏獒信息网（www.zangao123.com）、藏獒之窗（www.ao178.cn）、一度藏獒（www.1dutm.com）也深刻影响着人们的视野。

　　大家看到了什么？想到了什么？可能有各种各样的答案，但肯定有一条是少不了的，那就是大家更有信心了，并且为如何发展、如何宣传自己家里的藏獒投入了心思。建立自己的獒园，给它起一个好名字，一时间成为大家共同的认识。于是，在近村的马路边，在村里的显要之处，竖起了大大小小藏獒养殖园的招牌。弟弟也不例外，在家里院墙外也做了一个。在整个昌黎县，无论走在公路还是乡村小路上，都出现了相似的情形，随处可见各种各样的獒园广告牌，藏獒养殖业在整个县域范围内迅速发展了起来。

　　那时村里约有 1000 户，3000 人左右，只有二三十户人家没有养殖藏獒。同时，一些年轻人和中年人也因藏獒谋到了新出路。从 1988 年开始，马俊仁不断用重金四处购买藏獒，随后在大连建起了养殖场，2004 年 11 月，他把养殖场从大连迁至北京大兴区。北京、山东、河南、东北、河北等地的大规模藏獒场随之出现。四叔也在北京建起了自己的藏獒养殖场，并起了很美的名字。很快，专门饲养藏獒的工作成了热门，工作量不大，工资待遇很高，少的也要每个月四五千元。这样，不只马踏店人，周围村的人也有的外出干起了这个差事。甚至有的人一干就是十几年。即使藏獒产业泡沫破灭后，一些规模较大的藏獒场仍有不错的经营收入。

　　网络带来的影响持续存在，更多的人越来越依赖那里来的信息。当然，对网络的依赖并不只是农村人才有的现象，似乎在城市中更是如此。网络给每个人带来的东西越来越难以想象。依赖网络的结果就是受到它的影响，或者直接一些就是受到它提供的信息的影响，甚至能够左右我们的选择。

　　"霸王"是弟弟在网上看到一个帖子之后，全家商量后买入的。它是一只全身淡黄色的藏獒，不到三个月大就已经显出优秀藏獒的一些特征，至少那些特征是符合当时的评价标准的，比如诱人的毛量、巨大的骨量，还有短粗的嘴头。在与卖家的电话联系中，我们商量了购买的价格，在得到对方答应可以进一步谈的回应后，弟弟带着他的小舅子"宝头"出发去谈。宝头当时在唐山一家藏獒养殖场打工，每个月有 8000 元的收入。有了钱后，宝头也买了自己的面包车，方便了交通和生活。

　　最终，卖家让了 1 万元，5 万元成交。"霸王"这个名字是到了家里之后，我们共同给它取的。"霸王"的长势喜人，虽然没有达到我们期盼的样子，但整体素质还是可以在周边担当配种的任务，更为关键的是，当时黄色的藏獒正在流行。那一年，"霸王"对外完成了10多个配种任务，家里还有3窝幼獒来自"霸王"的血脉。不过，第二年受益最大的还是宝头。"霸王"的后代个个都毛茸茸的，虎头虎脑。才1个多月大的时候，"宝头"就把那一窝幼獒全部卖掉了，收入5万多元。那一天，他买了很多东西从东佃村开了10多分钟的车来到了马踏店。他是来看他的大伯，也就是我的父亲，和他的姐夫。直到现在，家里有什么事，宝头总会放下手头的事开着车来帮忙，对此父亲很在意，他总是说："宝头可是个好孩子！"

家里最成功的一次购入是与人合作的。一个偶然的机会，弟弟在东北辽宁某个藏獒养殖场看到几只顶级藏獒。最差的一只，也要30万元，由于价格太高，直接拿出这么多钱并不容易。于是弟弟想到了和其他养殖者一起购入买。这位合伙人是外县的一名养殖者，因为藏獒配种与弟弟相识相交。他们合作共凑了30万元，从东北购入了这只枣红色的种公獒，我们给它起名"宝宝"，也把养殖场的名字改为"红獒居"，"宝宝"成了红獒居的当家种獒。随后两年，"宝宝"很给力，挣回了本钱，"宝宝"让我们与东北的卖家也建立起了良好的关系，即使在藏獒产业崩塌、对方经营困难时，弟弟仍与他们保持着联系。一些养殖者，尤其是进入圈子较晚，并且投入了大量资金的人，藏獒产业泡沫对他们的打击是相当大的。

好景不长，买入"宝宝"的第二年，藏獒价格开始下滑，销售也出现了较大困难。也正是此时，村里的藏獒养殖量几乎达到了高峰。大家意识到了问题所在，一些人开始想办法向外销售，把家里的藏獒拉到外省参加藏獒展销会成了大家的重要选择。后庄的"金金"是弟弟的小学同学，几乎同时和弟弟一起选择了乡村养殖之路。他早早就买了面包车，让家里人养了两条母獒，自己则主要在外跑生意。买卖中介、代开税票、展会推介、转运销售，这些与藏獒生意有关的活儿他都做过。弟弟从金金那里了解了一些信息，做了筹划。村里曾经来过多个专门购买藏獒的山西团队，当时我们打趣地将他们称为"山西购獒团"。金金给的信息也表明，藏獒在山西的销售市场更火爆，于是弟弟和几个朋友瞄准了山西市场。

2008 年 4 月底，弟弟、宝头和他们的一位朋友开着面包车，拉着自家的 20 多只幼獒，去了山西大同。为了尽快到达，减少幼獒在路途中的病亡风险，他们轮流开车，吃饭也不下车，最终用了不到两天就抵达了目的地。按里程数来说，他们跑的距离应该有 2000 多公里。对三个人和那辆面包车来说，这都是一个不小的考验。在大同的几天里，他们没有住宾馆，在各个方面都省吃俭用。去了近一个星期，大家觉得付出辛苦也是值得的，至少把幼獒都销了出去。

2009 年的销售形势更加严峻，一些人开始到集市上的牲口市卖藏獒，价格和普通家犬的价格一样，体型大的能卖到二三百元。

父亲对藏獒是有感情的。从配完种后，父亲就数着日子，还有好几天才到生产的日子，他就已经精心准备，忙来忙去了。甚至要连续好几天在窝旁边看着。那个时候一般是过年前后，天气很冷，父亲就专门买了取暖的"小太阳"，后来又换成一种大度数的特制取暖灯，挂在窝的正上方。藏獒生产多在晚上，父亲更是整晚都不会睡，帮助母獒照顾幼獒，每看到一只幼獒出生，他都高兴得不得了，如果看到一只颜色好、没有白爪儿的幼獒他就更加兴奋了。当然，在接生的过程中也遇到过麻烦，但终被父亲和弟弟克服了。有一次母獒出现了难产，最终弟弟在灯光下给那只母獒做了剖宫产。母獒和她的孩子们都活了下来，当然，这还要归功于弟弟在养殖狐狸时练就的本领。

每年四五月份，是幼獒销售的旺季，每次有人来买，都是父亲一个个把要看的幼獒从獒舍中抱出来。那时大幼獒已经有三四十斤重，对父亲来说，这是一项颇费体力的活儿。但他乐在其中，我们去抱的时候，他总是拒绝，然后自己抢过去。可能当时就形成了这样的习惯，似乎没有人去想为什么必须要抱幼獒。后来我想，可能与当时藏獒的养殖方式有关——散放群养，而且也没有专门用于幼獒的牵引绳。后来聊起这方面的事，父亲说每次抱都会累得眼冒金星，但并不觉得有多累。可能，这更多是一种心理在支撑着吧！

但是后来，父亲还是和家里的藏獒分开了。时间流逝，弟弟家的孩子要到秦皇岛市上学，在市里买了房子，我则在陕西成了家，也在那里上班，我们兄弟两人陆续离开了家。随着年龄的增加，父母的身体已经无法支撑他们独立饲养这种大型犬了。而且，养殖藏獒的成本很大，它们不但食量大，吃得多，而且食物中要有肉类和蛋类，否则就容易生病。最后，父亲和大家商量，把家里的獒全部送给了亲戚、朋友和村里想养的人。最后那一只在 2018 年送给了村里的罗表爷。表爷很喜欢，他做动物饲料生意，养几只藏獒对他来说没有什么负担，那种曾经代表着繁华的藏獒的叫声在村子中已经很难再听到了。

十二、家庭养殖中的农村底色

我相信，每一个村子都有自己的故事，就如同每个人一样。虽然每个故事都是不同的，却也逃不出那些基本的模式，就如同每个人的故事都不会重复，但却都逃不出生活的范畴——无论幸福、悲惨，快乐、悲伤，勇敢、懦弱，伟大、卑劣……

从藏獒养殖之后，村子里的生活模式发生了重要的变化，人们仿佛回到了以前，没有人再做那种把院子里塞得满满的养殖了。一些人外出打工，一些人去做生意，一些人承包土地。马踏店村，村子依然，故事也在继续，只不过在不同人的眼里，它呈现出来的可能是不同的感觉。

我和弟弟都远离村子后，家里只剩下父母。我知道，即使我们经常回去看望他们，他们依然有些孤单。前些年受疫情影响，我回去得少，但是在疫情之前每年都要利用寒暑假回去1—2次。弟弟住得近一些，他们夫妻两个要照顾三个孩子，其中两个分别在上小学和初中，这很费精力。但他们依然每一两个星期就回家看看。

家里只剩下老人，这在社会学里常被称为家庭的空巢阶段，也是一个让人有些伤感的阶段。无论学术上怎么说，人们的生活依然继续。父母从那时起便又养了一些鸭子和鹅，这样不至于闲得没事可做，与那些家禽打交道就成为他们平日里最主要的事。

农村的底色是用心体会出来的，这是我们通常的观念。一提到家，一提到家乡，情感的因素总会最先冒出来。但是，当我们用人类学结构性的思维来审视农村养殖给农村染上的色彩时，我们会发现另外的一些图景，也会给我们另外的一些启示。

系统是一个有机整体，它由相互联系和相互作用的若干组成部分（元素）组成，并具备特定的功能和属性。系统可以是抽象的，也可以是具体的，比如一个家庭、一个村庄、一个城市都可以看作是系统的具体形貌。系统的思维可以让我们看到系统具体形貌下的不同部分或元素的相互关联和相互作用，以及它们如何共同工作来实现系统的功能和目标。同时根据结构功能主义的观点，还可以分析系统的边界、输入和输出、资源和能源消耗、环境影响以及系统的变化和演化趋势等方面。

这里有三个系统的维度具备选取和分析的重要性。社会学家迈克尔·曼在他的《社会权力的来源（第一卷）》一书中建了一种权力网络分析模型，被称为"IEMP 模型"。该模型强调社会各要素之间的复杂性，认为历史的发生与演进是社会、政治、军事和文化不同系统之间综合作用的结果。① 该模型在学术界产生了广泛的影响。我在这里参考 IEMP 模型的思路，剔除掉军事维度，选用社会结构、文化观念、经济机制三个维度进行分析。

农村家庭养殖反映出一定的社会结构状况，譬如家庭养殖中的权力关系、角色分工、互动模式等。从社会结构状况来看，我们就可以找到观察农村社会的切入点和参照物，看到了农村的家庭养殖状况，即可以从中感受到农村社会结构的存在和变化，这正是了解真实农村所需要的。

农村存续与发展中面临一些重要的权利关系，当我们观察与思考时，比较直观的是农村家庭在养殖什么，至少他们有自主的决定权，在养殖的种类、数量、规模等方面都会有所涉及，这些应归属于农民的财产权利。但是这种权利在现实当中又受到什么影响呢？这些权利随着村子的变迁发生了什么样的变化呢？马踏店村似乎给了我们一些启示，暗示了村里农民的权利与外面的世界之间复杂的关系。人们在饲养过程中，体现出一定的自主经营权，在出售、加工、运输等环节均是如此，同时他们的这种经营权也受到外部挑战。村中养殖的权利和义务的匹配问题同样明显，在家中的庭院养殖与村子生态环境之间的关系成为一个焦点。

关于角色分工，在农村社会中有其极端重要性，而这一点常常为人所忽视。农村社会还是那种具有高度一致性的社会吗？显然不是，农村社会中的多元角色充斥的现象已经十分明显，农民不再只是专注于农业和养殖，而有了其他各种各样的角色，这在马踏店村已经体现得相当明显。但

---

① （英）迈克尔·曼：《社会权力的来源（第一卷）》，刘北成、李少军译，上海人民出版社，2002 年。

是养殖者的角色作为特定农村社区中的一种共享角色，却发挥了一种有力的纽带作用，让农村仍然保持着一种特有的关系，维系着特定的熟人社会结构。其作用之大在马踏店村亦是明显的。不过，当我们认真回味马踏店村角色变化时，实际上看到了作为农民与养殖者角色的传承，同时也看到了角色的变化，或者说有一些新角色出现了，农村中的经纪人成为一种创新的符号。

角色互动或者人际互动，对农村而言同样意义非凡。正是由于村里的养殖业，村民之间的互动变得更加频繁，并在农业共同需求降低之后，诸如共享农具、共享灌溉基础设施等，发挥着较为稳定的互动纽带作用。这种纽带作用对于村子团结是十分重要的，或者说通过共享养殖信息和资源，村子实现了一种区别于因农业耕作形成的团结。特定的合作精神在村子里得以形成和成长，这种区别于传统村落中的合作模式，既体现出传统契约精神，也掺杂有现代市场意识。在互动之中，农村中成员的角色也获得了某种转型的动力，帮助一些成员了解其他角色的需求、责任以及挑战，在某种程度上说，这也有助于提高农村社会的就业质量和竞争力。

农村家庭养殖也反映出特定的农村文化观念。在马踏店村中，我们看到了村民的淳朴、勤劳、勇敢和对美好未来的向往，也看到了他们发自内心的一些乡土情结以及面对不同挑战时的道德与伦理取向。这些文化观念在某种程度上比社会结构性的表征会更突出、更能够打动人，也更能够标示出农村的内在样貌。

家庭养殖首先反映出了特定的家庭文化观念。家庭是农村的根，也是农村中文化观念的根。家庭观念对农村的意义重大，可以说是农村文化观念的核心。在马踏店村，家庭被视为一个团结、互助、互爱的集体，家庭成员之间的亲情和相互支持是维系家庭和睦的关键。家庭不仅为成员提供生活上的支持和庇护，还承载着传承村子中特定文化、价值观和行为方式的重要使命。无一例外地，家庭观念强调家庭成员之间的亲情和责任，这有助于维护家庭的稳定和团结，同时也为农村社会的和谐稳定提供重要基础。

马踏店村的自然环境变化是巨大的，沟渠干涸，因疫情死亡的动物尸体污染了土壤和水源。村民们都看在眼里，同时也警示了他们。但似乎人与自然和谐相处的观念在行动中并不明确。无可否认，人与自然和谐相处的观念对农村社会具有重要意义。农村要想发展得好，能够可持续发展，人们获得牢固的幸福感，必须尊重自然，注重与自然的和谐相处。珍惜和保护自然环境的观念有助于保护农村的自然资源和生态环境，维护生态平衡，从而实现可持续发展。马踏店村为我们提供了警示，养殖业过度扩张的后果直接作用于生态环境，也冲破了村民们以前那种若隐若现的生态环境意识。实际上，家庭动物养殖在特定阶段是极为注重把生态环境与可持续发展联系在一起的，或者说家庭养殖是农村生态环保与可持续发展的桥梁，譬如有助于农村社区实现资源的循环利用和环保。养殖业产生的粪便、有机垃圾等可以作为肥料，减少化肥的使用，从而降低环境污染。

乡土情结在农村社会中具有重要的地位和影响力。一般来说，人们通常对家乡有着深厚的感情，他们珍惜乡土文化和传统，并努力维护和传承这些文化。显然，这种乡土情结有助于增强农村社会的凝聚力和认同感，促进社会和谐稳定。同时，乡土情结也有助于促进农村的发展，因为它会无形中牵引着一些人返乡投资、创业，为村子带来活力和动力。这一点在马踏店村里也有明显的表现，譬如藏獒养殖的兴起就是在这样的环境下产生的。但随着社会的变迁，乡土情结也在变化，结婚进城，甚至逃离乡村的事例已经屡见不鲜，所以出现了那么多的留守老人，也出现了那么多空巢村庄。

农村家庭养殖反映出农村特定的经济运行状况和相关机制问题。马踏店村的养殖给村民们带来的经济效益是格外明显的，在经济困难时期，正是家庭养殖让我们渡过了危机，后来则成为收入增加的主要渠道。村里的年轻人也没有出现大面积外流，因为养殖业吸纳了他们，他们也在其中找到了自己的位置和应扮演的角色。但是，这种生计状态又会产生一些负面作用，譬如污染环境。从市场的角度来说，养殖业又缺少较好的应对能力，当疫情大范围传播，就会给养殖户带来巨大的经济损失。由于市场供求关系的影响，特别是一些泡沫的影响，养殖动物产品的价格波动较大，一些养殖者因此而损失较大。这意味着，在农村家庭养殖中，也需要关注一种可持续的经济运行机制。比如：①提供政策支持。政府应出台相关政策，对养殖户进行补贴或优惠，降低他们的经营风险。②推广环保养殖技术。增强养殖户的环保意识，减少环境污染；③加强防疫管理。建立健全防疫体系，提高防疫意识，降低疫情对养殖户的冲击。④加强市场信息引导。建立健全信息平台，为养殖户提供及时、准确的市场信息，帮助他们规避市场风险。而这些在农村家庭养殖中似乎还没有有效生成或形成具体效果时，家庭养殖就已经慢慢消解了。

与我还是个孩子的时候相比，马踏店村的家庭养殖已经发生了很大的变化。父母把养殖作为他们晚年生活的一种依靠，这种依靠已经超越了经济意义上的需求，反而更像是充满了情感的一种寄托，在与动物的对话中，在给它们准备食物的过程中，父母仿佛在回味着什么，也感受着这个村子的变化。此时，我们会不自觉地发现，原来，家庭养殖对农村社会的变化产生了如此大的影响。

农村不是没有了养殖，而是养殖方式发生了变化——除了年迈父母的家庭安慰式养殖之外的养殖，或者说是现代工业式的规模化养殖。用现代术语形容，这应该叫作"养殖方式的现代化"。在农村建设的规模化养殖场中，自动化养殖设备的使用，养殖场的升级改造，这些都大大提高了养殖效率，同时也降低了人工成本。因此，规模化养殖场也被视为农村经济的新增长点，相关产业链得以更充分的发展，如饲料生产、兽药销售、养殖设备制造等，农村经济进一步走向多元化。与个体化的家庭养殖相比，规模化养殖场也可以吸纳一部分农村劳动力，包括养殖技术人员、兽医、工人等，但与前者相比，它吸纳农村劳动力的能力显然并不高，二者吸纳劳动力的性质也并不相同，后者具有就业统计的意义，而家庭养殖则很难进入就业统计数据。相比家庭的庭院式养殖，规模化养殖场可以扩大市场，提高产品质量和品牌知名度，同时也可以带动当地农产品的销售。但是，规模化养殖场可能会带来环保问题，如粪便处理、污水排放等，这需要养殖场采取相应的环保措施，不过在农村中，此类问题常常处于边缘化。对规模化养殖最大的诟病可能来自动物伦理学家们，动物福利和健康问题是他们关注的重点之一，规模化养殖场如何有效实现动物福利并保证动物健康是一个难以突破的问题，可能要投入更多的资源和技术，同时也需要建立相应的监管机制。

在动物养殖中，农村的底色在发生着变化，至于这种底色对农村和农民来说意味着什么，我们没有找到明确的答案。似乎没有人可以真正掌控底色变化的未来，也无法精确预知它可能把农村带往何处，但我们都知道，如果农村没有了吸引力，如果农村成了生活空间的剩余物，那么农村发展就很难看到希望。唯有让农村的底色鲜活起来，让人们以农村而自豪，才会有农村更美好的明天。

十三、农村动物疫情

动物疫情一般指的是动物群体中出现异常症状或疾病的情况，常见的动物疫情包括禽流感、猪瘟、非洲猪瘟、口蹄疫、狂犬病等，这些疫情可能影响动物的健康和生产性能，甚至导致死亡和巨大的经济损失。为了防控动物疫情，需要采取一系列措施，包括加强检疫、疫苗接种、消毒、隔离和治疗等。基于重大的动物疫情，会出现"重大动物疫情公共危机"，它属于公共危机的一类，即公共卫生事件危机。"重大动物疫情一旦发生，畜禽死亡规模的增加、疫病导致的品质下降，使畜禽相关产业链条断裂，影响消费者的消费信心，从消费端到销售端再到生产端，零售商、中间商、养殖户的利益均会受损。"[1]。

长期以来，人类健康与动物健康被认为是两个不同的领域，所以也相应有了"医生"和"兽医"两个医务群体的类别。进入 20 世纪 90 年代后，规模化养殖方式在全球范围内广泛实施，人类、动物以及环境间的关系发生了根本性的改变。源于动物的疾病变异及跨物种传播现象显著增强，引发了严重的公共卫生问题。为了应对这些挑战，医学界提出了"一体健康"的理念。这一理念主张从人类、动物和环境相互影响的角度来处理健康问题，目标是实现人类、动物和环境的整体健康优化。

"一体健康"理念将环境科学家、兽医学家以及人类医生联合起来，强调跨学科的研究方法和合作模式，以控制疾病、提升健康水平。这种理念超越了传统医学的视野限制，把人类、动物和环境的健康状况视为一个整体，体现了通过关系性的伦理关怀视角来应对集约化养殖模式带来的新挑战。这不仅是一种应对复杂疾病威胁的新方式，也反映了人类在应对复

---

[1] 何忠伟、刘芳、罗丽：《重大动物疫情公共危机演化规律及其政策研究：以北京市为例》，中国农业出版社，2016 年。

杂疾病威胁时的范式转变。①

　　这一理念在中国农村地区实践得如何呢？我们从家庭动物养殖中看到的是一种原生态的人与动物关系，人对动物的关注、对动物健康的关注是从内心里生发的，因为动物与他们的生活密切相关，而不仅仅是经济收入的符号。当家庭动物养殖被规模化的现代工业养殖所取代，"一体健康"理念则应受到更大的重视，这也应是处置动物疫情的一条基本思路。

　　一般来说，农村动物疫情的发生是多种因素造成的。动物健康状况是疫情发生的基础。动物的疾病和健康问题，如病毒感染、寄生虫感染、营养不良等，都可能引发疫情。动物饲养的整体环境情况也会产生重要影响，良好的生态环境可以提供适宜的栖息地、食物和饮水，减少疾病的传播。然而，如果生态环境受到破坏，就可能会影响动物的健康，增加疫情发生的可能性。社会经济因素也会影响饲养动物疫情，例如规模化养殖、交通运输的发展可能增加动物之间的接触和疾病传播机会。另外，人类对动物疫情的认知和管理水平也会对疫情的发生和发展产生影响。

　　马踏店村出现的影响较大的动物疫情，均是随着村里养殖数量的增加而出现的，按道理说，农村家庭养殖的分散性要远远高于规模化养殖场所，不应出现大范围传播的现象。但事实并非如此，当时村里的人们也在讨论，为什么疫情传遍了整个村子，甚至周边村庄也未能幸免？讨论的结果仍在于养殖的数量上，因为数量太多了，所以疫情发生的概率就大了，而由于每年处置疫情不到位，或者说没有根除，第二年又会形成传播。当然，这些认识是村里的人们讨论的结果，至于合不合理并不重要，重要的是，他们认识到了动物疫情并不仅仅是动物的事，更与人密切相关。若分析马踏店及周边村的动物疫情，譬如狐狸细小病毒疫情——这应该算是在村庄里影响最大的疫情了，有许多方面是不能忽视的，这些方面也表明了动物疫情的社会性特征，同时强化了"一体健康"理念。

　　现代养殖技术往往依赖于集约式的环境和人工条件，这可能会抑制动物的天然防疫机制，从而导致动物疫情的发生。这一点可能是马踏店的村

---

　　①　张敏、严火其：《美国农场动物关怀的理论与实践》，载《自然辩证法通讯》，2020 年第 11 期。

民们所不能清晰意识到的，但是他们至少朦胧地认识到了芬兰原种蓝狐以及藏獒在离开了他们原生的环境之后可能产生的需要。由此带来的疫情更应归因于养殖产业或者说体制机制性的问题，这不是农民本身所能决定的。

一般认为，大规模养殖通常限制了动物的自由移动和交流，这可能会导致动物之间的传染性疾病的传播。同时也不能忽视，较大数量的饲养动物的流动也会带来同样的问题，传染性疾病会随着动物的流动而快速传播。加之养殖密度较高，包括空气、水源、饲料等在内的疫情传播途径也会随之增多，传播概率进一步加大。在这一过程中，农民往往缺少警惕心理，也缺乏必要的疾病监测和预防能力，一旦发现疾病，可能已经对大量动物和许多家庭造成了影响。

与空间挤压对养殖动物的免疫系统产生的消极影响相似，大规模养殖往往依赖于统一的饲料供应和一致的环境条件，但这可能影响动物的健康和免疫系统，进而增加疾病风险。由于外部环境削弱了动物本身的免疫机能，那些传统地看似管用的防疫措施往往难以有效执行，这在某种程度上大大增加了疾病控制的难度。所以，在"一体健康"理念下，养殖场的管理人员对于生物安全的意识不足，也是导致动物疫情发生的原因之一。

以此来说，农村动物疫情的出现，并不是如一些人通常所定义的那样，完全是农民农村和技术的问题，而由此鼓吹以大规模的工业化养殖完全取代家庭庭院养殖。

如果说农村的卫生条件差，那么传统农村中家庭养殖同样如此，为何养殖能够持续，并且可以支撑着传统农村？效果如何似乎并非是由卫生情况这一个因素决定的。没有人会否认，动物粪便、垃圾等污染物堆积会为病原体的传播提供条件，但提供条件并不等同于一定导致疫情发生。而如果说饲养管理不善或动物的买卖交流频繁也是疫情发生的重要原因，似乎也不会有人认为这是不恰当的，但如同防疫措施不到位、缺乏专业知识和技能等理由一样，这并不是纯粹的动物问题，也不是简单化的农民问题。我们要思考的是为什么会出现这些现象呢？是什么在背后发挥着支配性的作用呢？我们会发现，这实际上是外部世界施加于农民、农村的一种结构性压力的结果。在很多时候，农村是被牵引甚至裹挟着向前的，村民们的自主性在那个时候显然是被边缘化的。农村动物疫情给农村和农民带来了什么，同样也是结构性的，也就是说，在复杂的现实世界权力网络中，农村和农民并没有什么实质性的支配权。

从农村建设和发展的角度来说，疫情的影响无疑是对农村和农民的一种直接冲击。养殖业是许多农村区域的重要经济来源之一，动物疫情必然会导致养殖业受损，农民的收入和生活水平都会受到影响。同时疫情也会对农村的贸易和旅游业产生负面影响，导致其它经济活动减少。疫情与环境在任何时候都紧密相关，会对农村的生态环境产生消极影响。疫情可能导致动物死亡和废弃物的产生，这些都会对环境造成一定的污染和破坏。加强环境治理和生态保护才能确保农村的可持续发展，这一理念在农村动物疫情视角下来看更显得意义重大。而对重大疫情的应对和预防将会较大地改变特定农村基础设施建设取向，会吸纳一部分建设资金，同时也会增加发展的成本，对农村的发展进程和发展模式产生一定的影响。当然，这种影响是复杂的，更需要从"度"的角度进行深入研究。

除了颇为直观的经济方面，文化方面的影响也格外重要，或者可以说，农村文化受农村动物疫情的影响是巨大的和深刻的，与之相关的后果也是极为重要的。

狐狸疫情和藏獒疫情影响了马踏店村和周边许多村子里的传统习俗，以前偏爱吃野兔、鸟类以及家里饲养皮毛动物的习俗受到了冲击，很少有人再去吃这些动物，甚至有人改变了对皮衣的认识，皮衣不再受到人们的追捧。在疫病防治中也出现了一定的伦理问题，关于动物的福利问题开始出现在村民们的头脑中，这也直观地反映在人们对待家养动物的文化方面。如果出现重大人畜共患疫情，则会产生更多的影响，譬如可能会影响当地的人际关系、农村的教育——尤其是小学教育，等等。当人与动物共存现象受到关注和反思时，实际上会提升农村文化和动物共存问题的重要性，从研究的角度来说，农民在应对动物疫情问题的同时也是在开发和运用他们的本土文化，也可以呈现出农村文化在疫情中的韧性，以及这种韧性是如何影响农民生活和农村发展的。疫情之后，农民的生活和农村世界又是如何进行重建的？而这种重建过程又会直接影响当地文化以及走向。这些现象具有明显的结构化的特征，也可以从跨学科角度推进相关研究。

　　农民往往不会关注动物疫情对农村社会结构的影响，因为这样的影响多是体现在关系之中的，或者说是需要进行一定的抽象化处理的。但社会结构的变化最终会转化为一种切身体验，所以对农民来说，社会结构也会体现于人际关系网络中每个人的体验和感受。这也决定了农民们对农村的态度和选择。

　　动物疫情对农村人口流动的影响是复杂的，疫情可能会限制农村人口流动，也可能在某个时段内促进人口流动，譬如疫情中一部分农民选择离开农村，这样就会较大地影响农村的社会关系网络，改变农村的人口结构。疫情对马踏店村的社会组织的影响并不明显，因为村里当时并没有建立什么有效的组织，但当乡村振兴大力推进之后，农村的各类合作组织快速发展，特别是合作养殖类的组织，当疫情发生后，显然这些组织是会受到较大影响的，而这种影响也是复杂的、多维的。疫情对农村的社区治理也会产生影响，可能会改变农村社区的治理方式，譬如融入生态环境方面的治理议题。在应对疫情中，农村成员的参与程度也是不同的，这可能会对村庄中男女角色分工带来一定的影响，从马踏店的情况分析，这可能进一步强化了男性在村庄产业中的地位和作用，同时在参与过程中有助于提升村民的自我保护意识和能力，提升他们对村庄整体命运的关注度。

　　归根结底，农民最关注的莫过于动物疫情对自己生活的影响，对家里收入的影响。这并不意味着农民是自私的，反而体现出农民那种脚踏实地和自力更生的生活态度。他们养殖这些动物，就是出于生活和生计，就是靠自己的双手和汗水实现自己想要的生活。这是再合理不过的，再正义不过的事了。

　　发生了疫情，首先是辛苦养殖的动物会遭受病痛折磨，也会导致养殖者遭受经济损失，动物死亡是最主要、最直接的损失，譬如2006年，中国养殖业中的禽流感疫情共造成15万只以上的家禽死亡，另外还有2257万只家禽被扑杀，① 直接的经济损失显而易见。另外还有治疗、消毒费用和销售损失等。这不仅会对农民个人造成经济损失，也会影响整个养殖业

---

　　① 何忠伟、刘芳、罗丽：《重大动物疫情公共危机演化规律及其政策研究：以北京市为例》，中国农业出版社，2016年。

的稳定性和发展。动物疫情也可能导致养殖者的心理压力增加，出现恐慌、焦虑等情况，这对他们的生产和生活质量也会产生消极影响。更主要的是，动物与农民的情感链接在疫情中会受到较大的冲击，这会使一些养殖者陷入较大的情感伦理困境，甚至会瓦解他们生活的信心和希望。

马踏店村走出了疫情，同时，村子里也减少了家养动物的存在，这到底让他们失去了什么，又给他们带来了什么？似乎每个人都有自己的答案，但是，在文化和社会结构上发生的事，似乎又不是他们能够说得清的所以，有时村民自己也处于迷茫之中。

曾经的疫情去了哪里？是自己远离了吗？还是在哪些地方隐藏着？

十四、农村动物伦理

对普通农民来说，动物伦理是一个陌生而有些奇怪的表述，但这并不会影响他们与动物之间建立起动物伦理范畴内的关系，甚至从生活的角度来说，他们更懂得什么是动物伦理，这源于他们每天与动物在一起的现实生活。

一般来说，动物伦理是一种道德观念，指的是人类在处理与动物的关系时所应遵循的道德原则和规范。动物伦理涉及动物的权利、动物的福利等问题，强调人类应该尊重动物的生命和尊严，反对非人道的对待和残忍对待动物的行为，主张采取科学的、人道的、负责任的态度来对待动物，与动物和谐共存。其核心理念是尊重生命、爱护生命，主张平等地对待动物，重视动物的感受和利益，尽可能地减少对动物的伤害和给它们带来的痛苦。动物伦理要求人类在处理与动物的关系时，不仅要考虑自己的利益，还要考虑动物的利益和感受。可以说，动物伦理是人类文明进步和社会责任的重要组成部分，也是人类与动物和谐共存的基础。

笛卡尔的观点是，在这个自然界中，没有任何东西不能通过纯粹物质性的原因得到解释。他认为物质是所有事物的根本，物质没有心智和思想。这种机械的自然观，加深了人类与动物之间的差异。康德认为，人是目的，不是工具，而动物只是人的工具。在现代社会，传统的美国农业开始向高度控制的现代农业转变，整个农业生态系统被简化并变得极为脆弱。20世纪80年代，"动物机器观"在现代化的畜牧业中占据主导地位，大规模的集约化养殖模式开始盛行。在这一过程中，农场动物不再被视为具有感知能力和自然天性的生命，而是被视为一种没有目的的生产设备，被实行了集中营式的管理。

法国的施韦泽在1923年的《文明的哲学：文明与伦理》一书中强调要把道德关怀的范围从人类扩展到所有生命，并声称其出发点是保护、繁荣和增进生命，这被称为"生物中心论"（biocentrism）。后来，他的一些主张得以广泛传播，譬如主张所有的生命都拥有"生存意识"，人应该敬畏所有的生命，一个真正有道德的人会把植物和动物的生命看得与他的同胞的生命同样重要。"动物权利论"（animal rights）是现代西方关注动物伦理的又一个重要流派，认为人类应该尊重动物的生存与发展权利。1975年彼得·辛格（Peter Singer）发表的《动物解放》一书对该观点的形成起到了巨大的推动作用，由此把人的利益与动物的利益联系到一起，强调二者的平等性。辛格在书中描述集约化养殖场的母鸡时，将其称为"铁丝笼中的囚徒"①。

归结来看，动物伦理问题的产生与大规模的现代工业化养殖有着密切的关系，因此针对农村家庭动物养殖，探讨动物伦理问题的意义并不大。但是并不意味着家庭动物养殖不必面对这样的问题，譬如马踏店村的藏獒养殖，养殖本身并不存在伦理困境的问题，因为村里所有的人对藏獒都是那样的友善，甚至视之为家庭成员。即使后来将其当作普通犬在犬市上销售的时候，也是如此。那么，伦理问题出在哪里呢？对此，一些村里人是有意识的。

夏季来临，藏獒就会面临着严峻的气候考验，一些养殖者想尽办法给藏獒降温，有的甚至在藏獒活动的场所装上了空调。该现象背后实际上是一个生态环境的适应问题，藏獒作为高原地区的犬种，在青藏高原的恶劣环境中逐渐形成了适应高寒、缺氧、恶劣气候等特点的生理和行为特征。当藏獒迁移到其他地区时，需要适应不同的气候、海拔和生态条件，这必然对它们的生理和行为产生一定的影响。这种影响对藏獒这个物种来说，又意味着什么呢？

饮食也是动物伦理的一个重要问题，更确切说是一个重要的动物福利问题。通常认为，青藏高原的自然环境条件限制了藏獒的食物来源，以牧民提供的牛羊肉、奶制品以及野外自主觅食为主，被引入低海拔平原地区后，其食物更加丰富，并有专门的狗粮，这对藏獒的消化系统和营养摄取会产生积极的影响。但这种观点还需要推敲，或者说，这是一种从藏獒本身生理特点和需求出发形成的观点，还是从人类自身主观揣测的角度进行

---

① （澳）彼得·辛格：《动物解放》，祖述宪，译，中信出版社，2018年。

的解读？显然，后者的成分要更多一些。

　　行为适应也被纳入动物伦理的范畴之内。在青藏高原环境下，藏獒对农牧民的功能主要体现在护卫牛羊、抵御野生动物等方面。而在平原地区，由于环境和饲养目标的改变，藏獒要面对截然不同的外部环境以及工作要求，甚至完全丧失了工作要求，此时藏獒如何适应这样的变化，以及这样的变化对藏獒会产生哪些影响，均可能对藏獒这个物种产生伦理性的影响。另外，饲养区域内的人群密集、交通繁忙等特点也可能对藏獒的行为产生一定的影响。

　　由此延伸，农村中的家庭动物养殖实际上对大规模工业化养殖来说是有一些借鉴意义的。当我们提到动物权利与福利的争议时，实际上主要涉及的还是二者养殖基本理念上的差异，也可以说，大规模工业化养殖追求的是利润，面对的是市场，养殖场的主人、管理者、工人和技术人员都是不同的人，实行的是科层制管理机制；而家庭养殖则是一个家庭的事，也就是家庭成员的事，不存在什么科层管理。所以对二者来说，饲养中的环境、食物供应、医疗保健、销售、运输等各个方面的性质也是不同的，此时动物被定义的角色亦不相同。对科层制管理来说，动物是其中的一个工作环节，是流程性的；而对一个家庭来说，动物则是生活的一部分，是一个有机整体，是活生生的。

　　人们对动物会存在一定的偏见，也是动物伦理关注的一个重点。但在农村家庭养殖中，通常存在的一些偏见并不明显，即使一种动物的社会口碑并不好，譬如"狐狸"，但当大家认识到狐狸的价值的时候，这个词语在马踏店村人眼中却成了一个新的天地，代表着探索、创新、技术和致富；甚至在当地口语中，直接称成年狐狸为"老狐狸"，但并没有把这种称呼与传统意义上的狡诈相联系。可以说，农村养殖者给他们养殖的动物贴上的标签，都不是刻意的，而是与生活密切相关的，这种标签更像是为家庭成员贴上的标记，目的是为了区分，而不是为了形成偏见。

　　关于农村动物养殖的伦理问题，实际上面临着两难选择：一方面，农村处于变迁的进程之中，农村会变成怎样，农民会成为怎样的农民，这些问题似乎仍要在历史的进程中进行探索和回答，此时的家庭养殖何去何从也并不明确；另一方面，大规模工业化养殖场绝大多数建在农村或农村边缘地带,它与农村家庭养殖构成了怎样的关系,它带来的问题绝不是解决家庭养殖问题的思路所能解决的。但是,无论农村家庭养殖会走向何处,这些伦理都是重要的,也都会对人与动物关系问题产生重要影响。

一是养殖动物的多维度福利问题。譬如养殖环境是否足够舒适以满足动物的生存需求?动物是否受到足够的关注和照顾以确保心理健康?养殖过程中是否对动物进行合理的膳食管理以保证其营养需求?这些看似有些出格的伦理诉求,却暗含着人类与动物的一体性,也构成了人类文明的重要表征。

二是养殖动物的疫病传播风险问题。譬如养殖场内动物的疾病如何影响家庭成员和其他动物?对于有潜在疫病传播风险的动物,如何有效地进行隔离和控制?从"一体健康"角度来说,无论是家庭养殖还是大规模工业化养殖,这些问题都应得到重视,并需要采取相应的举措进行应对。

三是养殖过程中的食物问题。传统食物与新型工业成分的食物的构成比例、新型食物对动物身体和物种产生的影响以及养殖者对饲料和饲养方式的选择与食物浪费之间的关系等等,均牵涉进一步的伦理问题。其中的一个核心问题是:新型食物所扮演的角色到底是什么,它们会给被养殖动物带来怎样的影响,这种影响包括疾病发生率、免疫系统、生殖系统等方面。

四是动物饲养与生态环保之间的张力。在这种张力中,动物伦理将成为一个焦点,譬如养殖场的建设和运营可能对农村生态环境造成怎样的影响,其中水源污染、土地退化等问题也被纳入养殖伦理的考量范畴。而在这种考量中,养殖业又要实现可持续发展,这又关乎动物饲养的目的问题。

五是"一体健康"理论与实践问题。它突出的是动物伦理中的健康理念,一种关联性的健康将受到更大的重视,譬如动物疫情的出现并不能被只界定为动物的疫情,而是人与动物要共同面对的疫情。所以养殖动物的健康状况可能会对家庭成员的健康产生重要影响,从这一角度来说,关爱动物健康,就是关爱人类自身的健康。

六是无论家庭养殖还是大规模工业化养殖,未来均将面临更多动物权利组织的干预,或者说是面对从动物权利组织发出的伦理质疑。当然,大规模工业化养殖面对的伦理质疑比家庭养殖会大得多。如何与这些组织进行有效的沟通与合作，尤其是化解双方的伦理争议将是其中的重点。

七是儿童与动物互动中的伦理问题。在有动物养殖的家庭中，儿童与动物的关系一般颇为紧密，因此而发生的伦理问题也更为复杂，譬如对儿童安全、寄生虫病、儿童性格等方面的影响，如何确保儿童与动物实现有效的互动，同时做到既安全又尊重动物权利是关注的焦点之一。

八是经济因素对农村动物养殖伦理的影响问题。目前可推测的是，这种影响的受重视程度可能会趋于提升，这包括外部经济发展状态、市场对肉类的需求以及作为养殖场所内部的经济条件情况，而这些因素的影响又是多方面的，其中应关注的一个重点是：确保在经济条件改善和经济发展中同时提升对养殖动物的相应福利水平，权衡好经济效益和动物福利之间的关系，以确保公平地对待动物，譬如如何平衡动物饲料成本与动物成长周期之间的关系。

九是动物养殖与网络谣言和误解问题。关注的重点至少应包括避免关于动物养殖、动物虐待、动物歧视相关的伦理话题通过网络平台，特别是形形色色的自媒体转化为误解和谣言，对动物和特定个体甚至小群体产生网络暴力，同时应关注如何通过权威的信息传播来消除这些误解，保护动物和人的基本权益。

十是养殖动物福利立法与监管问题。从长远来看，养殖动物福利立法与监管是有效应对动物伦理问题的关键之一，是养殖动物伦理实践中的核心构成，立法将会更加科学全面，监管程度也会相应提高，在实现完备性的同时，二者的有效性和可行性也会受到进一步重视。

针对这些重要的问题，我们需要用带有前瞻性的视角进行回应，至少要考虑到农村、农民的未来样貌，考虑到技术因素是否能为这些伦理问题的解决提供支持和便利。

未来动物养殖的智能化将会进一步强化，智能养殖系统将会得到进一步应用，除了饲料配比、运动管理、配种辅助等领域之外，还可以通过传感器和人工智能技术监测动物的健康状况，及时发现并处理问题。同样也可以更有效推广动物养殖信息和技术，提供养殖知识、动物福利和防疫等方面的培训。基于区块链技术的动物身份认证系统也可以在养殖中为动物伦理作出贡献，这样将有利于保护动物的权益，防止欺诈和虐待。加强家庭动物养殖的保险服务，这样有利于为养殖户在遵守动物伦理方面提供额外的保障。

另外还有一种可能也不能忽视，可以说它对动物伦理来说是一个重要的选项，这就是动物替代品问题。在可预见的未来，毛皮替代品、肉类替代品将会变得丰富和个性化，有些会有较好的发展。当然，替代品的出现和应用前景是与技术紧密结合的。从长远来看，技术对养殖动物伦理的影响是全方位的。

十五、农村多物种民族志

20 世纪 60 年代末，英国詹姆斯·拉伍洛克（James Lovelock）提出了盖娅假说。盖娅假说的内容主要包括：①地球是一个生物共同体，从微生物到人类和大型动植物，它涵盖了所有的生命形式。②地球上的生命形式与其环境有着紧密的关系。这种关系复杂而微妙，涉及生态、神经、精神和物理等多个方面。③人类共同体的稳定性和健康程度受到许多生态因素的影响，包括资源供应、物种间的相互作用、生命物质和能量交换等。这些因素会影响生命的进化和发展，甚至可以决定一个物种的生存或灭绝。④人类在地球生态系统中占据着特殊地位，我们的行为和决策会影响其他生物的生存环境，也会影响我们自己的生存。⑤人类有责任保护和维护我们共享的地球生命体，维护其生态系统的健康和稳定，确保生命的繁荣和多样性的存在。

拉伍洛克特别强调，人类作为演化的一部分，虽然对地球的演变至关重要，但在盖娅这个超级生命体中，我们的出现相对较晚。因此，过度强调人类与盖娅之间的特殊关系是不合理的。如果人类不正视这种关系，过度利用工业技术，可能导致盖娅的生产效率下降和关键物种的消失，这将严重削弱盖娅的生命活力，甚至整个生命系统都可能面临危险。为了避免这一后果，他认为，我们需要更好地了解和认识盖娅，并采取相应措施以应对潜在的问题。他强调，我们对地球的控制系统的无知是地球未来以及污染后果等诸多不确定性的主要根源。①

从拉伍洛克的盖娅假说逻辑出发，动物是盖娅这个超级生命体中除了人类之外的另一个有着根本意义的构成要素。因此，人类与动物的关系就成了盖娅要处理的最重要的关系之一，也是支撑盖娅的核心体系之一。

---

① （英）詹姆斯·拉伍洛克：《盖娅：地球生命的新视野》，肖显静、范祥东，译，上海人民出版社，2019 年。

当早期人类利用文化开始征服动物的时候，这一时期便具有了标志性的意义。其结果不仅使人类从动物界中分离出来，而且使人类逐渐取代了大型猛兽，成为地球上的新主人。在这个时代中，早期人类为了满足基本生存需求，本能地捕杀动物作为食物。同时他们也保持了一些特定的原始的保护形式，譬如图腾崇拜，用以保护特定的动物种群。

　　随着文明时代的到来，人口数量不断增长，人类对野生动物的生存带来了越来越大的压力。他们利用高科技手段和精良的武器围捕、猎杀和利用野生动物，这些行为引发了人们对于文明程度的一些质疑。

　　然而，我们也必须注意到一些地区的社会群体，他们受特定的文化观念和动物保护理念的影响，在对待野生动物和家养动物时持有更为积极的伦理态度，或者说在很大程度上持保护的态度，并践行保护行为。1822年英国率先通过世界上第一部反对虐待动物的法令，这一行动推动了动物保护立法在全球范围内的扩展，也标志着人与动物关系历史上的一个重要转折。①

　　此后，多物种民族志便成为一种被寄予厚望的研究。也可以说，多物种民族志是一种研究方法，它通过对多个物种（包括人类）进行深入观察和记录，以理解它们之间的互动关系，并揭示特定社区、文化或环境中的生态智慧和复杂性。这种方法旨在超越对单一物种的研究，强调生物多样化的整体性和相互依赖性。通过多物种民族志研究，我们可以更好地了解生态系统中的相互作用、食物链、资源分配、适应策略等，从而更全面地了解生态系统的运作方式和人类在其中的地位。

　　实际上，多物种民族志的形成是基于一个基本问题，或者说基本价值认定，即动物并不是与人类相对的异类，而是与人类有许多相通之处的同类。关于这一点，恩格斯在《自然辩证法》中早已经给出了提示。他说："我们不要以为动物的行动是绝对无计划无预谋的……动物也有自觉有计划地行动的可能性，这种可能性是跟着动物神经组织的发达而发展的……"②

　　① 侯甬坚：《中国环境史研究（第 3 辑）：历史动物研究》，中国环境出版社，2014 年。

　　② 恩格斯：《自然辩证法》，郑易里，译，生活·读书·新知三联书店，1950 年。

可以说多物种民族志以其独特的视角和理念，打破了人类与非人类的二元对立，消弭了人与自然的边界，并提供了反思人类中心主义的思想武器。在多物种民族志的视域中，所有的物种共同塑造着一个生活的世界。这种视角在近年来的人类学和相关学科研究中展现出了强大的生命力，为人类学者开辟了一个全新的领域。多物种民族志不仅让一些被忽略的主题和边缘的对象走到前台，也让人类学这门学科走向了更加广阔的天地。

不可否认，人类文明的演进是以部分生物的减少或灭绝为代价的，①这也吸引着越来越多的人类学家从事多物种民族志研究，重点关注人类、其他物种与环境之间的相互关系。② 不过，如同阿鲁克（A. Arluke）和桑德斯（C. R. Sanders）所说，人类学家们对人与动物关系的研究主要针对"传统社会"，③ 而且往往没有充分考虑全球化进程对这些地区和社会产生的影响。④

从马踏店村的故事中，我们看到了社会变迁与动物养殖之间的张力，可以预见，在某一时间段内，这种张力可能还会存在，甚至会更加明显。马踏店村并没有处于世界之外，更没有外在于全球化进程，马踏店村人的生活也是在与外部世界的复杂关系中不断向前的。在这样的大背景下，关注农村多物种民族志问题，不但有现实需求，而且暗含着许多具有更广阔视野的分析思路。

一是关于农村多物种生态的保护与呈现。在不同的农村，多物种的形态与关系也是多样的，应关注对这些形态与关系的保护与研究，并通过学术研究和具体实践形式在现实中进行呈现，也有必要吸纳市场要素进入这一领域，譬如可以设计专业教程，将农民与他们的土地、作物、动物和环境等元素联系起来，并通过该教程提供实时观察和学习的基础知识，以促

---

① 侯甬坚：《中国环境史研究（第3辑）：历史动物研究》，中国环境出版社，2014年。

② S. HURN, Anthrozoology: An Important Subfield in Anthropology, Interdisziplinäre Anthropologie, 2015.

③ A. ARLUKE, C. R. SANDERS, Regarding Animals, Philadelphia: Temple University Press, 1996.

④ MOLLY H. MULLIN. Mirrors and Windows: Sociocultural Studies of Human – Animal Relationships, Annual Review of Anthropology, 1999, 28 (1): 201 – 224.

进对多物种之间关系的深入理解和有效互动。

二是跨物种交流互动相关问题。实际上农村更像是一个个微观舞台，是农民与各种各样的动物实现交流互动的平台，并且与城市相比，在规模、形式、参与者等方面均是如此。让不同的物种在这个舞台上进行交流和互动，这样可以更深入地了解他们之间的共生关系。

三是从媒介传播视角开展农村多物种艺术传播问题研究。这主要指向从多个角度记录和展现农村中的养殖、农耕等活动，如种子选择、耕作技巧、气候影响等。可以强调自然环境与人类活动的交互，同时展示出独特的艺术美感。这实际上是建立在对农村多物种生态的保护与呈现，以及跨物种交流互动相关问题基础上的进一步举措。

四是探寻农村中多物种直播收益机制。譬如对动物农场进行直播，实时展示农村的动物，如牛、羊、鸡等动物的生活状态，通过互动让观众能亲眼看到动物们的生活环境以及与人类的关系，促进全社会对农村生活的全景认知，特别是助力突破人们对远离自身的动物的刻板印象，同时也可以为养殖者带来现实经济收益。

五是关于开展农村生态旅游的问题。实际上，很多地方都在推进这样的项目，并通过各种各样的旅游标志物吸引游客，增加农民收入，促进农村经济发展。这样做虽有助于促进外界了解农村的生物多样性，但多数不具有针对性。如何促进农村生物多样性，利用好生物多样性开展农村生态旅游，是目前大多数实施农村生态旅游的村庄所面对的一个重要问题，其中一个现实的困局是：农村旅游给保护农村多物种和谐共存关系更多的是带来了挑战，而不是机遇。

六是多物种手工艺品问题。农村要发展，农民要致富，而同时又需要促进农村中多物种和谐关系，这就需要考虑多物种的食物链以及生命周期问题，或者说，农村的多物种生态链成了一个基本的问题。可以利用生态链的一些基本原理，在动物伦理范畴内，设计制作具有独特风格的手工艺品，如用动物皮毛、农作物种子、昆虫翅膀等制作的艺术品，来展示农村生态的美学价值，并与乡村生态旅游结合，产生一定的经济效益。

若这些问题能够得到深入研究并在实践中有效处理，那么在农村追求一种"多物种共同体"的世界是可行的，也是美好的。这种在多物种民族志中提出的新愿景，将会帮助农村跨越时空与地域的边界，并在其中获得新的活力和生命力。

其一是农村将从中重获和谐的多样性。在社会关系层面，农民的熟人社会特征已经不再明显，此时需要某些补充性甚至替代性的关系的进入。农村可以利用多种不同物种，包括形形色色的植物、动物、微生物等，共同构成一个复杂的生态系统，相互之间形成一种动态的平衡。这种多样性构建的环境将一定程度上弥补社会关系变迁带来的遗憾。

二是农村将会更生动地体现出和谐的共生关系。人口流失是农村的一种时代之殇，人口少了之后，农村不能再陷入一种隔离状态，特别是不能出现村子内部的隔离，否则，农村将无可避免地失去活力和动力。此时，村子中的共生关系将格外重要。人与其他不同的物种之间的共生关系需要被高度重视，这不仅仅是对生态链条的保护，而是要让生态链条呈现勃勃生机的景象，让农民在其中获得意义与价值。

三是农村将创造更加多元的文化价值。农村优良的生态系统可以创造丰富的文化价值，农民们在与自然环境长期互动的过程中，创造了许多与生态系统相关的传统知识和文化习俗。这些知识和传统可以被归入格尔茨所说的"地方知识"范畴。"多物种共同体"的形成将进一步为农民的创造性提供平台和媒介，激发更具新意的生态文化形式，产出更多文化价值。

四是农村将形成新的社区参与形式。农村的生态系统通常与当地社区紧密相连。社区成员通过参与农业活动、保护生态环境、传承传统文化等方式，与生态系统形成密切的互动关系。"多物种共同体"的形成将进一步强化这种互动，从而有利于形成基于多物种和谐关系的新的社区参与模式，不仅可以促进农村社区生态文明建设，也有助于增强社区的凝聚力和农民的认同感。

十六、结语：一种动物民研究视角

从我的家乡中我感受到了很多，也想到了很多，这促使我查阅文献，进行归纳、总结和反思。我并没有认为通过马踏店村的故事能够解决农村、农民和动物的所有问题，只是希望这项工作能够给大家带来一些反思。当我们谈论农村时，不要忘记那里还有另外的居民——动物民。

动物民的概念，是我在本书中尝试建构的一个概念，从我的家乡，从我自身的经历来看，我相信这一概念对农村、农民的未来是有意义的，同时对动物来说也是有意义的。以下我将尝试提供关于此概念的几个理解维度。

笔者强调的动物民，是指在特定的生态环境中，与某些人类群体共同生活并形成一定文化传统的动物群体。从生态人类学的角度来看，动物民的存在反映了人类与动物之间的特定的互动关系，特别是人类对动物态度的转变以及这种转变对生态环境带来的巨大影响。

动物民通常与特定的人类群体共同生活在一个相对稳定的生态环境中，并且在他们之间建立起了某种较为稳固的互惠互利的关系，比如人们提供食物和栖息地，动物则提供生态服务如控制害虫、净化水质等。特定的人类群体与动物之间通过长期的互动和交流，形成某些特殊的文化形式和内容，我们可称之为动物民文化。

动物民文化既包括对动物的尊重和保护，也包括与动物相关的习俗和信仰。这些文化形式和内容对人类的生活方式和生态环境产生了深远的影响，并有助于维护生态平衡和社区的和谐。因此可以认为，动物民是生态环境和人类文化交融的产物，应属于生态人类学研究的重要课题。

想要把动物民视为人类生活社区的组成成员，就需要强调几个基本的理解维度：一是生态环境维度。动物民反映了人类与动物在生态环境中的共生关系。人类与动物共同生活在一个生态环境中，相互影响、相互依赖。二是文化传统维度。动物民文化是人与动物长期互动交流的结果，也是人类文化传统的重要组成部分。它体现了人类对动物的认知和尊重，也反映了人类对生态环境和自身行为的反思。三是社会交往维度。动物民的存在和动物民文化促进了人类与动物之间的社会交往。人类与动物通过互动和交流，形成了特殊的社交关系。动物也是人类生活中的重要陪伴者和娱乐对象，他们可以成为人类的朋友和伙伴，提供情感支持和陪伴。这对人类社会的发展具有重要意义。四是人类自我认知维度。理解动物民有助于人类更好地认识自己，了解自己的行为和认知对生态环境的影响，以及人类与动物在生态系统中的地位和作用。

在动物民视角下，理解动物在农村中的角色和作用也成为一个关键问题并在以下几个方面具有重要性。

一是动物民的日常生活。从动物的角度描绘农村的生活，例如动物如何参与劳动、如何获得食物、如何在农村的夜晚中活动等。

二是动物民的故事。以动物民为主角的各类故事应成为一个新的创作领域，至少涉及描绘动物在农村生活中的冒险、友谊、挑战等诸多题材。

三是动物民的教育。其中包括对动物民开展的教育，也包括某种由动物主导的教育方式，强调动物的智慧和技能，并探索这种教育方式对人类和动物的影响。

四是动物民的艺术。这应该属于一种更具后现代色彩的农村变革，可以理解为以动物的视角描绘农村的艺术性元素，展示出动物眼中的农村世界。

五是动物民的生态环保角色。在未来的农村，动物民应会被赋予一定的生态环保角色，譬如清理垃圾、监测环境等。

六是与动物民相关的科技应用。与动物相关的科技产品会应运而生，如机器人、无人机等，它们通过与动物的互动来完成任务，或者针对动物开展工作。

七是动物民的社区建设。动物民如何参与社区建设是一个重要问题，可以从动物的视角描绘农村社区的建设过程和一些细节，探讨动物民参与其中的具体方式。

八是动物民的节日。可能出现以动物为主题的农村节日，使动物在节日中扮演重要的角色和作用。

此外，我们可以继续建构出一个由人类和动物民构成的农村社区，并将会呈现出的基本样貌，具有以下特点和景象，并期望在未来的某些农村社区中出现。

　　一是和谐共存。人类和动物民之间存在着和谐共存的关系。动物民在社区中扮演着重要的角色，它们帮助人类进行各种劳动，如运输物品、守护家园等。人类尊重并保护动物民的权利和福利，从而形成了一种互惠互利、共同发展的关系。

　　二是独特的交流方式。由于语言和沟通方式的差异，人类和动物民之间可能会有一种独特的交流方式。这种交流可能涉及一些特殊的动物民语言，或者人类通过肢体语言、音乐、气味等方式与动物民进行沟通。

　　三是独特的劳动方式。动物民在农村社区的劳动中发挥着重要的作用。它们参与各种农业、手工、建筑等工作，与人类共同创造财富。这种劳动方式可能会形成一种独特的文化和社会结构。

　　四是强烈的环保意识。由于动物民在环保方面具有天然的优势，如敏锐的感知力和强大的消化系统，它们可能会在社区中扮演着环保卫士的角色。它们帮助清理垃圾、监测环境、寻找食物等，增强了整个社区的环保意识。

　　五是独特的艺术表达。基于动物民的参与，农村有可能成为艺术创新的重要场域，动物的独特符号和互动模式，可以深度地展示人类与动物民在农村生活中的欢乐、悲伤、希望等情感。

　　六是注重教育。在未来的农村社区中，教育将会是一种共同成长的过程。动物民和人类一起进行学习，通过互动和交流，共同提高知识水平和技能。

　　农村社区的未来未来充满无限的可能性。随着科技的发展，人类和动物民可能会共同融入新型的技术，帮助人类和动物民共同应对未来各种挑战。

后　　记

　　时光流转，回首走过的路，总会有许多感慨。

　　这本书的诞生，源自我对故土的深深眷恋，以及对于儿时一些记忆的不舍。我坚信，这些深藏在我们记忆中的故事和情感，是值得我们每个人深入挖掘和珍视的。

　　在写作这本书的过程中，我深深地感受到，研究过程不仅仅是知识的积累，更是情感的释放。每一个字都融入了我对农村、农民、家庭的情感。正是因为这份情感的注入，让我更加珍视这本书。

　　家人一直是我坚实的后盾，他们的支持是我能够完成本书的重要支撑。在这里，我要特别感谢我的父亲、母亲和弟弟，他们总是不厌其烦地给我讲述——即使母亲因疾病而难以形成清晰的话语表述。他们是本书的主角，我为他们而感到骄傲！同时，我也要感谢我的同事和朋友，他们对我的研究给予了无私的帮助，提供了宝贵的建议。

　　我希望通过这本书，能够唤起大家对家乡的回忆和热爱，对传统生活方式的理解和尊重。同时，我也希望这本书能够引发大家对人类学研究的兴趣，对人类社会和文化的多元性有更深入的认识，对农村未来的发展给予更多关注。

　　希望这本书能够为读者带来新的视角和理解，同时，我也希望这本书能够引发大家对于我们的共同家园——地球的关注和思考。让我们共同努力，为我们的家乡、为我们的世界创造一个更美好的未来。

赵国栋

2023 年 11 月 11 日